# VR

## WHEN
## FANTASY MEETS
## REALITY

# 虚拟现实
## —— 开启现实与梦想之门

徐兆吉 马君 何仲 刘晓宇 编著

U0351949

人民邮电出版社

北 京

图书在版编目（CIP）数据

　　虚拟现实 : 开启现实与梦想之门 / 徐兆吉等编著
. -- 北京 : 人民邮电出版社，2016.9 （2017.1重印）
　　ISBN 978-7-115-43150-9

　　Ⅰ．①虚… Ⅱ．①徐… Ⅲ．①计算机仿真—研究
Ⅳ．①TP391.9

　　中国版本图书馆CIP数据核字(2016)第172391号

## 内 容 提 要

　　本书在全面回顾虚拟现实三次发展热潮的基础上，分析了本轮热潮的本质和不同，精准界定了虚拟现实的概念、特征，系统地介绍了塑造虚拟现实3I体验特征所涉及的关键技术，包括输入、输出、内容生成与网络传输等，并聚焦游戏、影视、电商、教育、医疗、旅游等重要领域，介绍了虚拟现实在各行业的应用潜力和对各行业的深远影响。

　　另外，通过对虚拟现实产业的构成、不同环节价值点的分析，相关领导企业及经典产品的全面剖析，本书初步勾勒出虚拟现实未来可能的产业生态、产业主导者，以及区别于移动互联时代的入口和平台策略。对于虚拟现实能否成为下一代计算平台，给出了自己独到的分析和观点，指出了虚拟现实未来面临的挑战以及可能的机会。最后，从三个方面梳理了虚拟现实与增强现实之间的区别与联系，对增强现实的关键技术与典型产品进行了深入浅出的分析。本书结构清晰，内容翔实，观点鲜明，适合虚拟现实产品研究开发、运营应用人员、高等院校师生，也可作为关心虚拟现实技术、产品、产业生态读者的入门读本。

　◆　编　　著　徐兆吉　马　君　何　仲　刘晓宇
　　　　责任编辑　牛晓敏
　　　　责任印制　杨林杰
　◆　人民邮电出版社出版发行　　北京市丰台区成寿寺路 11 号
　　　邮编　100164　　电子邮件　315@ptpress.com.cn
　　　网址　http://www.ptpress.com.cn
　　北京九州迅驰传媒文化有限公司印刷
　◆　开本：700×1000　　1/16
　　　印张：15.5　　　　　　　　　　2016 年 9 月第 1 版
　　　字数：120 千字　　　　　　　　2017 年 1 月北京第 3 次印刷

定价：56.00 元
读者服务热线：(010)81055488　 印装质量热线：(010)81055316
反盗版热线：(010)81055315

# 前言

2014 年，在告别了第四代移动通信标准（4G TD-LTE）全球产业化的使命后，我和几个同事开始寻找下一个对产业具有重大影响的技术，很快虚拟现实就进入了我们的视野。从狭义角度来看，信息通信产业的核心基础设施无外乎"云平台、管道、终端"。如果说 4G TD-LTE 是从管道环节上对产业的一次颠覆，那么虚拟现实就是从终端环节切入的颠覆。

技术创新与产业化是一项高度职业化的工作，而这也正是我们所在的中国移动研究院的核心能力。宏观来说，在全球电子信息革新的浪潮中，中国最初的资源禀赋在于市场。因此，通过市场换取技术，并在此过程中不断壮大本土产业和人才队伍，从而在恰当的时机，通过弯道超车获得局部领域的国际优势，这是很自然的战略选择。这就要求在全球产业博弈中，综合运用技术、产业和市场三方面的力量，才能在一次次变革中不断增强能力，由弱变强。

从这个意义上，虚拟现实作为交互终端的颠覆，是产业成长的一次新机遇。在智能手机时代我们实现了制造和应用的成功，市场创新能力和技术创新能力都达到了相当高度。在此基础上，能不能在虚拟现实时代，通过团结市场、产业和技术三方面的力量，在格局上取得更深远的突破，这是我们新的思考。

虚拟现实是一个典型的 ICT 产业，它的发展，依赖于网络、终端、芯片、各种辅助软硬件设备和应用。它的成功，则依赖于全球的规模和专业分工。因此，它将遵循先产业化再市场化的发展路径。产业化的目标在于相关技术能力的打造，以及行业标准和产业基础的构建，形成满足体验要求的终端产品和全球分工网络。而市场化则在于大规模普及终端和应用，并不断降低总体体验成本。产业化是市场化的基础和前提条件，是市场化之前的必经阶段。

我们常常会听到关于虚拟现实正与反两方面的声音。一方面，在资本市场的推动下，虚拟现实行业热度空前。但需要正视的是，这没有改变它处于产业化前期的事实，需要从产业构建的角度，寻找薄弱领域，建立行业标准，降低产业协作成本，加快产业生态的形成。

另一方面，有很多人怀疑虚拟现实是否能够成为下一代交互平台。预测技术的发展是非常困难的，不过可以确信的是，未来终将到来，我们终将迎来取代智能手机的新产品。即便不是虚拟现实，也必定与虚拟现实具有很深的渊源。或许，这正是虚拟现实研究的意义所在。

关于这本书，它起源于我和人民邮电出版社的梁海滨编审、我的领导黄宇红副院长有关虚拟现实的一次交谈。编写如此热门领域的图书，常常是一件很危险的事情。但促进产业发展，离不开知识和理念的宣传普及，而这恰恰是央企研究院的社会责任所在。因此，团队成员抱着学习和研究的态度，在工作之余利用大量的时间，形成了这本还很不成熟的书籍。

本书不是一本教材，也不是一本开发指南，而是一座快速通向虚拟现实全貌的桥梁。在纷繁复杂的研究报告、技术书籍中，我们系统地梳理了业内的主流思考和认识，在此基础上，从概念、历史、技术、产品、应用和产业角度，确立了全书的内容体系，并尽可能做到结构清晰，内容翔实，观点突出，希望能够帮助读者用最少的时间构建起虚拟现实的全貌。

本书是群策群力、反复讨论的集体成果。以下是具体章节安排和执笔成员。第 1 章由何仲、韦穆华执笔，介绍了虚拟现实的概念、特征、历史，重点回答了本次虚拟现实热潮与以往的本质不同。第 2 ～ 5 章由马君、杜瑜、张政、黄鸣宇执笔，从输入、输出、内容生成、网络传输等方面出发，介绍了虚拟现实"沉浸、交互、想象"的体验是如何被一步步创造出来的。第 6 章由刘晓宇、徐华洁、张志杰执笔，着重介绍了虚拟现实应用及其带来的影响。第 7、8 章由何仲执笔，分析了虚拟现实的产业构成、发展现状和发展未来，并尝试回答了虚拟现实能否成为下一代计算平台这个终极问题。第 9 章由杜瑜、张政、马君执笔，探讨了虚拟现实与增强现实之间的关系。在附录中，由赵辰羽等执笔介绍有关虚拟现实产品的一种用户体验评价标准和指标。此外，本书还得到了北京理工大学刘越老师、郭玫老师、王晶老师的帮助。

由于认识水平和写作时间有限，书中存在诸多的错误和不当之处，敬请批评指正。

徐兆吉

中国移动通信有限公司研究院

2016 年于北京

**第 1 章　改变世界的虚拟现实**　//001

　1.1　虚拟现实生活　//003

　1.2　什么是虚拟现实　//004

　　1.2.1　虚拟现实的概念　//004

　　1.2.2　虚拟现实的特征　//006

　　1.2.3　虚拟现实的构成　//007

　1.3　虚拟现实的前世今生　//008

　　1.3.1　第一次热潮，雏形诞生　//008

　　1.3.2　第二次热潮，初试商业化　//010

　　1.3.3　第三次热潮，全速起飞　//013

　1.4　第三次热潮的本质区别　//014

　参考文献　//018

**第 2 章　虚拟现实的输入**　//019

　2.1　输入技术概述　//021

2.2 主要相关传感器 //022

2.2.1 加速度传感器 //022

2.2.2 陀螺仪 //023

2.2.3 惯性测量单元 //025

2.2.4 跟踪定位单元 //025

2.2.5 传感器调用接口 //026

2.3 局部动作跟踪与捕捉 //028

2.3.1 头部动作跟踪与捕捉 //028

2.3.2 眼动跟踪与捕捉 //028

2.3.3 手部动作跟踪与捕捉 //030

2.4 全身动作跟踪与捕捉 //035

2.4.1 基于惯性测量单元的动作捕捉 //035

2.4.2 基于计算机视觉的动作捕捉 //036

2.4.3 基于马克点的光学动作捕捉 //040

2.5 语音输入 //041

参考文献 //043

第 3 章 虚拟现实的输出 //045

3.1 输出技术概述 //047

3.2 视觉输出技术 //048

3.2.1 显示技术 //048

3.2.2 光学技术 //060

3.2.3 减轻眩晕 //065

3.3 声音技术 //067

　　3.3.1 虚拟现实声音技术需求 //067

　　3.3.2 声音采集 //068

　　3.3.3 声音回放 //068

3.4 触觉反馈技术 //069

　　3.4.1 触觉反馈技术的需求 //069

　　3.4.2 手指型触觉反馈技术 //070

　　3.4.3 手臂型触觉反馈技术 //071

　　3.4.4 全身型触觉反馈技术 //073

参考文献 //074

第 4 章 虚拟现实的内容生成及网络传输 //075

4.1 虚拟现实内容生成技术 //077

　　4.1.1 内容生成技术概述 //077

　　4.1.2 虚拟现实三维环境开发 //077

　　4.1.3 全景视频制作 //086

4.2 虚拟现实网络传输技术 //091

　　4.2.1 虚拟现实网络传输的技术需求 //091

　　4.2.2 提升传输效率 //092

　　4.2.3 优化通信协议 //093

　　4.2.4 提高网络带宽 //094

参考文献 //098

第 5 章　虚拟现实典型产品　//101

　5.1　虚拟现实产品概述　//103

　5.2　内容生成典型产品　//103

　　5.2.1　内容生成产品概述　//103

　　5.2.2　全景视频拍摄产品　//104

　　5.2.3　全景视频缝合产品　//112

　5.3　用户终端典型产品　//113

　　5.3.1　典型用户终端产品概述　//113

　　5.3.2　头戴式眼镜盒子　//115

　　5.3.3　外接式头戴式显示器　//121

　　5.3.4　头戴式一体机　//138

　参考文献　//139

第 6 章　虚拟现实的应用及行业影响　//141

　6.1　虚拟现实应用概述　//143

　6.2　虚拟现实在游戏领域的应用及影响　//143

　6.3　虚拟现实在影视传媒领域的应用及影响　//146

　6.4　虚拟现实在电商领域的应用及影响　//149

　6.5　虚拟现实在教育领域的应用及影响　//151

　6.6　虚拟现实在医疗领域的应用及影响　//153

　6.7　虚拟现实在旅游领域的应用及影响　//156

　参考文献　//158

**第 7 章　虚拟现实的产业生态及入口**　//159

　7.1　虚拟现实产业构成及发展现状　//161

　　7.1.1　虚拟现实产业构成　//161

　　7.1.2　虚拟现实产业当前发展态势　//163

　7.2　虚拟现实产业未来发展判断　//165

　　7.2.1　产业发展路径判断　//165

　　7.2.2　未来产业态势预判　//167

　7.3　虚拟现实时代的入口和平台策略　//171

　　7.3.1　入口和平台演进逻辑　//171

　　7.3.2　虚拟现实的入口策略　//174

　　7.3.3　虚拟现实的平台策略　//176

**第 8 章　虚拟现实的未来与挑战**　//179

　8.1　下一代计算平台　//181

　　8.1.1　电子计算机的发展历程和产业逻辑　//181

　　8.1.2　智能手机的发展历程和产业逻辑　//186

　　8.1.3　虚拟现实成为下一代计算平台的巨大潜力　//188

　8.2　虚拟现实成为下一代计算平台面临的挑战　//189

　8.3　虚拟现实发展展望　//191

　参考文献　//194

**第 9 章　从虚拟现实到增强现实**　//197

　9.1　虚拟现实与增强现实的区别和联系　//199

　　9.1.1　增强现实的概念　//199

9.1.2 虚拟现实与增强现实的关系 //200

9.2 增强现实的关键技术 //201

9.2.1 显示技术 //201

9.2.2 跟踪注册技术 //202

9.2.3 场景实时融合绘制 //205

9.3 增强现实典型产品 //205

9.3.1 终端产品 //205

9.3.2 应用软件 //209

9.4 增强现实的发展趋势 //210

参考文献 //212

附录 A：虚拟现实产品用户体验评价指标体系 //213

A.1 为什么要建立虚拟现实头盔产品用户体验评价指标体系 //215

A.2 如何建立虚拟现实头盔产品用户体验评价指标体系 //216

A.2.1 评价维度及指标研究 //216

A.2.2 评价方法与标准研究 //217

A.2.3 研究结果实例验证 //217

A.3 评价维度的基本构成 //217

A.3.1 特性维度 //218

A.3.2 共性维度 //219

A.4 指标体系内容 //220

A.4.1 软件产品指标体系 //220

A.4.2 硬件产品指标体系 //224

A.5　现有虚拟现实头盔产品的用户体验特性简述　*//227*

　　A.5.1　沉浸感表现较为突出　*//227*

　　A.5.2　舒适度表现参差不齐　*//227*

　　A.5.3　交互性有待加强　*//228*

　　A.5.4　眩晕感普遍较强　*//228*

A.6　视觉显示特性与视疲劳主客观综合评测方法　*//228*

　　A.6.1　人眼立体视觉感知机理　*//228*

　　A.6.2　立体视疲劳主观评测方法　*//231*

　　A.6.3　立体视疲劳客观评测方法　*//231*

VR:
when fantasy meets reality

VR:
when fantasy meets reality

# 第 1 章

# 改变世界的虚拟现实

VR:
when fantasy meets reality

VR:
when fantasy meets reality

VR:
when fantasy meets reality

VR:
when fantasy meets reality

VR:
when fantasy meets reality

## 1.1　虚拟现实生活

　　未来，我们的生活方式可能是这样的，如图 1-1 所示。

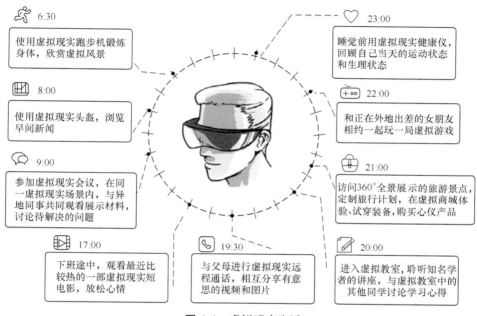

　　6:30　使用虚拟现实跑步机锻炼身体，欣赏虚拟风景

　　8:00　使用虚拟现实头盔，浏览早间新闻

　　9:00　参加虚拟现实会议，在同一虚拟现实场景内，与异地同事共同观看展示材料，讨论待解决的问题

　　17:00　下班途中，观看最近比较热的一部虚拟现实短电影，放松心情

　　19:30　与父母进行虚拟现实远程通话，相互分享有意思的视频和图片

　　20:00　进入虚拟教室，聆听知名学者的讲座，与虚拟教室中的其他同学讨论学习心得

　　21:00　访问360°全景展示的旅游景点，定制旅行计划，在虚拟商城体验、试穿装备，购买心仪产品

　　22:00　和正在外地出差的女朋友相约一起玩一局虚拟游戏

　　23:00　睡觉前用虚拟现实健康仪，回顾自己当天的运动状态和生理状态

**图 1-1　虚拟现实生活**

　　早上 6:30，刚刚起床的 Alex 走到家中的虚拟现实跑步机前，穿上带有动作捕捉功能的运动鞋，准备用晨跑迎接美好的一天。想起昨天听朋友说纽约的中央公园是跑步者的圣地，不如今天就来感受一下。于是 Alex 将跑步场景设定为初夏早晨的中央公园，走上跑步道，一边慢跑一边欣赏公园的景色。没有围栏的中央公园里景色错落有致，远处的自行车道上不时有骑车的人呼啸而过；遛狗道上，人们牵着自己的宠物狗，或奔跑或慢走，甚是惬意……

　　8:00，Alex 整理妥当，出门上班。在地铁上，他戴上虚拟现实头盔，开始浏览早间新闻。中东地区的武装冲突现场，枪声阵阵，炮声隆隆，场面触目惊心；昨天的足球比赛精彩万分，进球精妙绝伦，现场观众热情高涨，欢呼声呐喊声响彻全场；喜爱的女神明星参加了电影节开幕式红毯盛会，长裙摇曳，分外美丽，仿佛近在咫尺……

9:00，Alex 来到办公室开始工作。公司美国总部的老板召开虚拟现实会议，Alex 和几家分公司的同事一同上线，在同一虚拟现实场景内，共同观看展示材料，讨论待解决的问题。

17:00，结束了一天忙碌的工作，Alex 在下班途中，开始观看最近比较热的一部虚拟现实短电影，放松一下心情。

19:30，Alex 与父母进行虚拟现实远程通话，相互分享有意思的视频和图片，虚拟现实的沉浸感，消除了他与父母之间上千公里的地理距离。

20:00，进入每晚的学习"充电"时间，Alex 进入虚拟教室，坐在教室前排，开始聆听知名学者的讲座，并不时与虚拟教室中的其他同学讨论学习心得。

21:00，Alex 想在即将到来的假期和好友去旅游，他访问了旅游景点的 360°全景展示，最终决定去户外登山野营。想起还需要购买一些登山的衣服和装备，正好去虚拟商城逛逛，在全方位地试穿和体验后，很快就选定了心仪的装备，下单、付款，完成购物。

22:00，Alex 和正在外地出差的女朋友相约一起玩一局虚拟游戏。两人在游戏中配合默契，逼真的场景大大提升了游戏的趣味性。

23:00，Alex 在睡觉前用虚拟现实健康仪，回顾了自己当天的运动状态和生理状态，各项指标显示，这是充实而健康的一天。

……

这些场景里，是否有你期待的生活？或许今天，你还觉得这样的生活方式有些不可思议，但是随着虚拟现实技术的发展，一个虚拟与现实交融的新世界正在加速到来。

# 1.2 什么是虚拟现实

## 1.2.1 虚拟现实的概念

虽然虚拟现实（Virtual Reality，VR）相关技术和思想发展了很多年，但"Virtual Reality"作为一个完整的科学技术专用名称，还是在 1989 年，由美国 VPL 公司创建人拉尼尔（Jaron Lanier）首次提出的。拉尼尔认为，"Virtual Reality"指的是由计算机产生的三维交互环境，用户参与到这些环境中，获得角色，从而得到体验[1]。

之后，许多学者对 Virtual Reality 的概念进行了深入探讨。Nicholas Lavroff 在《虚拟现实游戏室》一书中将虚拟现实定义为：使你进入一个真实的人工环境里，并对你一举一动所做的反应，与在真实世界中的一模一样。

Roy S. Kalawsky 在《虚拟现实与虚拟环境科学》一书中说，虚拟现实是"一种合成的传感体验，它把物理的或抽象的部件传递给人或参与者"。

Ken Pimentel 和 Kevin Teixeira 在《虚拟现实：透过新式眼镜》一书中，将虚拟现实定义为：一种侵入式体验，参与者戴着被跟踪的头盔，看着立体图像，听着三维声音，在三维世界里自由地探索并与之交互。

L. Casey Larijani 在《虚拟现实初阶》一书中认为，虚拟现实潜在地提供了一种新的人机接口方式，通过用户在计算机创造的世界中扮演积极的参与者角色，虚拟现实正在试图消除人机之间的差别。

我国学者对虚拟现实技术投入了巨大的研究热情。我国著名科学家钱学森教授认为，"Virtual Reality"是指用科学技术手段向接受的人输送视觉的、听觉的、触觉的以至嗅觉的信息，使接受者感到如亲身临境，但这临境感不是真的亲临其境，只是感受而已，是虚的。为了使人们便于理解和接受"Virtual Reality"技术的概念，钱学森教授按我国传统文化的语义，将 VR 技术称为"灵境"技术[2]。

我国著名计算机科学家汪成为教授认为，虚拟现实技术是指在计算软硬件及各种传感器（如高性能计算机、图形图像生成系统、特制服装、特制手套、特制眼镜等）的支持下生成一个逼真的、三维的，具有一定视、听、触、嗅等感知能力的环境。使用户在这些软硬件设备的支持下，能以简捷、自然的方法与这一由计算机所生成的"虚拟"世界中的对象进行交互作用。它是现代高性能计算机系统、人工智能、计算机图形学、人机接口、立体影像、立体声响、测量控制、模拟仿真等技术综合集成的结果，目的是建立起一个更为和谐的人工环境。

我国虚拟现实领域的资深学者、工程院院士赵沁平教授认为，虚拟现实是以计算机技术为核心，结合相关科学技术，生成与一定范围真实环境在视、听、触感等方面高度近似的数字化环境。用户借助必要的装备与数字化环境中的对象进行交互作用、相互影响，可以产生亲临对应真实环境的感受和体验。虚拟现实是人类在探索自然、认识自然过程中创造产生，并逐步形成的一种用于认识自然、模拟自然，进而更好地适应和利用自然的科学方法和科学技术。

综上所述，虚拟现实指采用以计算机技术为核心的现代高新技术，生成逼真的视觉、听觉、触觉等一体化的虚拟环境，参与者可以借助必要的装备，以自然的方式与虚拟环境中的物体进行交互，并相互影响，从而获得等同真实环境的感受和体验。

## 1.2.2　虚拟现实的特征

1993 年，迈克尔·海姆（Michael Heim）在《从界面到网络空间——虚拟现实的形而上学》一书中，总结了虚拟现实的 7 个特征，分别是：模拟性（Simulation）、交互作用（Interaction）、人工现实（Artificiality）、沉浸性（Immersion）、遥在（Telepresence）、全身沉浸（Full Body Immersion）和网络通信（Networked Communication）。

1994 年，Grigore C. Burdea 等在《虚拟现实技术》一书中提出"虚拟现实技术的三角形"，简明地表示了虚拟现实的三个最突出的特征，分别是沉浸感（Immersion）、交互性（Interaction）和构想性（Imagination），即虚拟现实的"3I"特征，三者缺一不可。自此，"3I"特征成为学界和业界公认的虚拟现实的基础特征。

"3I"特征具体如下。

（1）沉浸感

指参与者在虚拟环境中，获得与现实环境中一致的视觉、听觉、触觉等多种感官体验，进而让参与者全身心地沉浸在三维虚拟环境中，产生身临其境的感觉，这是 VR 系统最重要的特征。

以前文描述的虚拟现实生活为例。当 Alex 在进行虚拟跑步运动锻炼时，沉浸感指的是：脚触地的压力感，向前跑的方向感、距离感；眼睛看到的中央公园景色、人群的真实感；以及随着跑步运动景色也随之变化，对人群的避让等等；就像 Alex 在中央公园跑步时的各种真实体验一样。

（2）交互性

指虚拟现实环境中的各种对象，可以通过输入与输出装置，影响参与者或被参与者影响。也即参与者与虚拟场景中各种对象相互作用的能力，它是人机和谐的关键性因素，包含虚拟对象的可操作程度，用户从虚拟环境中得到反馈的自然程度，以及虚拟场景中对象依据物理学定律运动的程度等。

以前文描述的虚拟现实生活为例。当 Alex 在进行虚拟跑步运动锻炼时，交互性指的是：Alex 与虚拟跑步场景中各种对象的互动及反馈，比如与虚拟景色的互动，随着跑步运动的进行，Alex 看到的虚拟景色会随之改变；与虚拟人群的互动，Alex 可以避让虚拟人群，虚拟人群也可以避让 Alex 等等。

（3）构想性

指参与者在虚拟环境中，根据所获取的各种信息和自身在系统中的行为，通过逻辑判断、联想和推理等思维过程，去感知虚拟现实系统设计者的思想，以及去想象虚拟现实系统没有直接呈现的信息。VR 可使用户沉浸于虚拟环境中并获取新的知识，提高感性和理性认识，从而产生新的构思，因此 VR 是启发人的创造性思维的活动。

以前文描述的虚拟现实生活为例。当 Alex 在进行虚拟跑步运动锻炼时，构想性指的是，Alex 能够感受到中央公园的环境、跑步的氛围，就像真的在中央公园跑步时所看到的一样。同时还能根据感受到的环境去规划新的跑步路线，就像真的在跑步时所做的一样。

## 1.2.3　虚拟现实的构成

经典的虚拟现实系统主要由输入设备、输出设备和运行虚拟现实应用的计算机组成。随着通信技术、移动互联网技术和智能终端技术的发展，虚拟现实系统相关设备高度集成化和互联网化，形成了由终端、应用平台、内容生成系统和网络传输系统组成的架构，如图 1-2 所示。

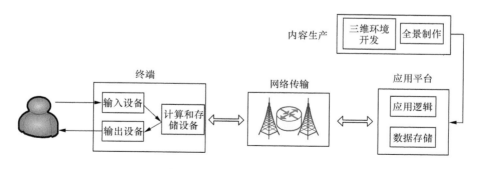

图 1-2　虚拟现实系统组成

虚拟现实终端是虚拟现实的用户入口，负责向用户提供交互环境，虚拟现实终端把输入、输出和计算设备高度集成化，根据用户的输入向用户呈现预期的虚拟现实内容。典型的虚拟现实终端包括虚拟现实头盔等。

虚拟现实内容生成系统负责为用户生成在虚拟现实中可以展现和使用的内容。具体来说，包括为用户实现虚拟现实环境的三维环境开发软件，为用户制作全景视频的全景拍摄设备和后期处理软件等。

虚拟现实应用平台部署在云端，负责根据用户请求，把内容生成系统制作的虚拟现实内容呈现给用户。虚拟现实应用平台包括负责处理终端请求的应用逻辑处理模块和存储用户及应用数据的数据存储模块。同时，虚拟现实应用平台还需具备开放接口，便于内容和应用的上传及分发。

网络传输系统负责将终端侧的请求传输给应用平台并把应用平台的响应回传给终端。由于虚拟现实系统具有高交互性和实时性的特征，网络传输系统需要提升通信网络的传输效率，优化通信协议，提高通信网络的带宽，以减少端到端延迟，提升用户体验。

## 1.3　虚拟现实的前世今生

虚拟现实并不是近几年才出现的新鲜事物，它从梦想真正落实到产品的历史，几乎可以与电子计算机的历史相比肩。虚拟现实是一项跨学科的综合性技术，因此它的发展必然受到不同学科发展进程的影响。伴随电子计算机技术、人机交互技术与设备、计算机网络与通信等技术的发展，虚拟现实的发展走过了近半个世纪，其间经历了多次发展热潮。

### 1.3.1　第一次热潮，雏形诞生

人类对虚拟现实的探索是从各种仿真模拟器开始的。1929年，Link E. A. 发明了一种飞行模拟器，让乘坐者可以体验飞行的感觉。可以说，这是人类模拟仿真物理现实世界的初次尝试。其后随着控制技术的不断发展，各种仿真模拟器陆续问世。1956年，美国摄影师 Heileg M. 开发了一个可以模拟人骑摩托车感觉的仿真器 Senorama，它具有三维显示及立体声效果，并能产生振动感觉。

1965 年，美国科学家、计算机图形学的重要奠基人 Ivan Sutherland 博士，在其《终极的显示（The Ultimate Display）》论文中首次提出了对虚拟现实发展极有意义的"交互图形显示"等基本概念。他设想在这种显示技术支持下，观察者可以直接沉浸在计算机控制的虚拟环境之中，就如同日常生活在真实世界中一样。同时，观察者还能以自然的方式与虚拟环境中的对象进行交互，如触摸感知和控制虚拟对象等。Sutherland 博士的文章从计算机显示和人机交互的角度提出了模拟现实世界的思想，推动了计算机图形图像技术的发展，并启发了头盔显示器、数据手套等新型人机交互设备的研究 [3]。

1968 年，Ivan Sutherland 博士组织开发了第一款虚拟现实原型设备，并将其命名为达摩克里斯之剑（The Sword of Damocles）。由此，1968 年被称为虚拟现实发展的元年。

"达摩克里斯之剑"由 6 个系统组成：一台 TX-2 计算机，一个限幅除法器，一个矩阵乘法器，一个矢量生成器，一个头部位置追踪器及一个头盔，采用阴极射线管（CRT）作为显示器。

戴上它可以看到一个边长约 5 厘米的立方体框线图漂浮在眼前，当转动头部时，立方体也跟着转动，看到的则是这一发光立方体的侧面。人类终于通过这个"人造窗口"看到了一个物理上不存在，却与客观世界十分相似的"虚拟物体"。

"达摩克里斯之剑"作为虚拟现实发展史上的第一个原型设备具有重要的历史意义。它定义了虚拟现实包含的几个核心要素 [4]，引导了后续虚拟现实产品的发展。这些要素分别是：

- 立体显示，原型机使用两个 1 英寸的 CRT 显示器，分别显示不同视角的图像，从而创造出立体的视觉；
- 虚拟画面生成，原型机显示的虚拟立方体，是计算机实时计算渲染出来的；
- 头部位置追踪，原型机使用两种方式对头部位置进行跟踪，一是通过机械连杆，二是借助设备上的 3 个超声波发生器和 4 个接收器，用超声波检测跟踪头部运动；
- 虚拟环境互动，通过双手操作把手，可以与设备进行互动；
- 模型生成，原型机显示的虽然只是个简单的立方体，仅有 8 个顶点，但却是通过空间坐标建立的模型。

1968 年，计算机还处于大型机的时代，显卡芯片还未出现，显示器、传感器等设备的发展还处于起步阶段。在这样的产业技术条件下，"达摩克里斯之剑"的缺陷是非常明显的。它体积较大，自身重量非常沉重，根本无法独立穿戴，必须在天花板上搭建支撑杆，如图 1-3 所示，否则无法正常使用。此外，它能显示的内容也非常简单，仅是一个虚拟的立方体。

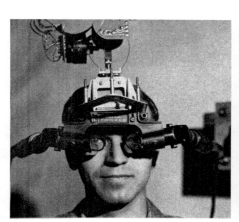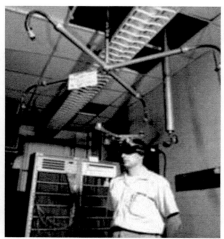

图 1-3　Sutherland 设计的头戴式显示器

因此，"达摩克里斯之剑"仅是一个实验室原型产品，并未走向大众，但它定义了虚拟现实设备包含的核心要素。

## 1.3.2　第二次热潮，初试商业化

时间进入到 20 世纪 80 年代。随着计算机技术及计算网络的发展，虚拟现实技术的发展速度明显加快。这一时期出现了几个典型的虚拟现实系统。

1983 年，美国陆军和美国国防高级项目研究计划局（DARPA）共同制定并实施了 SIMNET（SIMulation NETworking）计划，开创了分布交互仿真技术的研究和应用。SIMNET 的一些成功技术和经验对分布式虚拟现实技术的发展有重要影响。

1984 年，美国 NASA 研究中心的 M. McGreevy 和 J. Humphries 开发了虚拟显示器，将火星探测器发回地面的数据输入计算机，构造了三维虚拟火星表面环

境。1985 年，Scott Fisher 领导的研究小组成功研制了一款数据手套，并命名为 VIEW。该数据手套轻便柔软，可以测量手指关节、手指以及整个手掌的动作。1986 年，进一步研制成功了融合虚拟现实系统 VIEW，该系统将数据手套和虚拟现实头盔进行融合。

1987 年，Jaron Lanier 创建的 VPL 公司，率先发明了数据服装。在数据服装里布满各种细小传感器，还有与皮肤表层连接的弹性反馈装置。1988 年，VPL 公司研发出市场上第一款民用 VR 产品 EyePhone，如图 1-4 所示。1989 年，Jaron Lanier 正式提出"Virtual Reality"一词，得到业界的广泛采用，成为这一学科的专用名称。

图 1-4　VPL 公司推出的 EyePhone 产品外观

1991 年，一款名为"Virtuality 1000CS"的设备出现在消费市场，如图 1-5 所示。整个设备包含一个头戴式显示器、一个操作手柄、一个落地式操控台。体验者仅需戴着头盔站在操控台上，通过手柄操作即可。

但对于大众消费者而言，Virtuality 1000CS 的缺陷非常明显。这款产品的外形十分笨重，操控台需要占据较大的空间；头戴式显示器体积也偏大，连接着两条粗笨的电线；功能非常单一，仅支持较少种类的游戏；此外，价格非常昂贵。

虽然 Virtuality 1000CS 并未得到消费者的广泛认可，却种下了虚拟现实在游戏领域应用的火种。

图 1-5　Virtuality 1000CS 设备及头盔结构

　　1995 年，任天堂推出一款名为 Virtual Boy 的虚拟现实游戏一体机，如图 1-6 所示，外部连接手柄搭配使用，售价 179 美元。虽然 Virtual Boy 的设计理念非常超前，但外观却非常丑陋，设备被固定在一个支架上，显示效果也不太理想。加之游戏数量比较少，导致该款游戏机仅仅在市场上生存了 6 个月就销声匿迹，但它为虚拟现实硬件进军大众消费市场打开了一扇门。

　　总体来说，这些商业化案例基本上最终都未能成功，原因在于相关产业基础能力不达标。比如，虽然 LCD 显示器已实现规模量产，并能够独立购买，但在体积、刷新率、耗电量等指标上，都还达不到虚拟现实体验的基本要求。虽然显卡芯片已经出现，但计算能力还比较弱，无法满足虚拟现实对实时画面渲染的要求。

　　这些初试商业化的案例，虽然最终都以失败告终，但依然具有重要的产业贡献。一是说明了虚拟现实可以应用于行业应用和大众消费两个领域，并且都存在商业化的潜力；二是在大众消费领域，虚拟现实游戏主机及虚拟现实游戏，是重要的商业化领域。

　　此外，在这一时期，一批用于 VR 系统开发的软件平台和建模语言开始出现。1989 年，Quantum 3D 公司开发了 Open GVS。1992 年，Sense8 公司开发了 WTK。1994 年，在日内瓦召开的第一届 WWW 大会上，首次提出 VRML，开始了相关国际标准的制定。

图 1-6　Virtual Boy 产品外观及使用场景

### 1.3.3　第三次热潮，全速起飞

时间来到 2012 年。

2012 年 8 月，一款名为 Oculus Rift 的虚拟现实头戴式显示器产品登陆美国众筹网站 Kickstarter。该产品拟将广视场角、低延迟的沉浸式虚拟现实体验，以亲民的价格带给大众消费者。项目上线后，引起大众的广泛关注和支持。在一天的时间内成功募集资金超过 25 万美元，一月内最终募集近 250 万美元，成为众筹项目明星。

不仅是科技爱好者，风险投资也对它给予巨大的热情和支持。2013 年 6 月，

Oculus 公司完成 A 轮 1600 万美元融资，半年后完成 B 轮 7500 万美元融资。2014年 3 月，Facebook 创始人扎克伯格在体验过 Oculus Rift 后，坚定地认为其代表着下一代的计算平台，并用 20 亿美元的价格将其收购。

此举在业界引起轰动，将虚拟现实再次拉回到公众的视野，并一举成为 2015年最受关注的新兴技术之一。

头戴式显示器设备获得了极高的关注度。2015 年以来，多款消费级终端产品被公开发售，并受到大众消费者追捧：

• 2015 年 11 月 20 日，韩国三星推出与 Oculus 公司合作的，基于智能手机的虚拟现实头戴式显示器 Gear VR，售价仅 99 美元；

• 2016 年 1 月 7 日，Oculus 公司正式面向大众消费者，开放预售消费者版Oculus Rift 头戴式显示器，售价 599 美元，3 月 28 日正式发货；

• 2016 年 2 月 29 日，智能手机厂商 HTC 与美国电子游戏制作和发行商Valve，合作研制的虚拟现实头戴式显示器 HTC Vive，正式面向大众消费者开放预售，国内零售价格为 6888 元，4 月 5 日正式发货。

除头戴式显示器设备商之外，计算、显示芯片厂商，内容制作商，应用开发商也都对虚拟现实产生极大兴趣，并进行积极投入。围绕虚拟现实，一个完善的产业正在被建立起来。比如，在计算芯片领域，高通、英伟达等领先公司，都针对虚拟现实的特性，对旗下的芯片进行针对性优化升级。3D 引擎 Unity 公司推出了针对虚拟现实的游戏引擎，让虚拟现实游戏开发变得更简单。著名运动相机品牌 Gopro 推出了全景摄像机，让全景视频的拍摄变得更容易。

同时，虚拟现实在各行各业的应用实践，也在如火如荼地开展，体验内容和应用场景在不断丰富。当前，虚拟现实技术在游戏领域的应用，得到最多开发者的关注和尝试。在医疗领域，利用虚拟现实技术进行教学、辅助手术、康复治疗等项目，不断出现。此外，虚拟现实在教育、旅游、房地产、电商、汽车等领域的应用尝试，正在被不断开发。

# 1.4 第三次热潮的本质区别

虚拟现实的沉浸感、交互性、构想性体验特征，要求实时捕捉用户的位置和运动状态，并实时地计算、渲染和显示图像。这对计算芯片的计算能力、显示屏的显示性能、网络传输能力、传感器技术等提出了非常高的要求。虚拟现实是前沿技术，技术复杂性高，对创新能力要求高，因此对超前投入的研发资金需求量也非常巨大，且需要产业链各方成员的协同努力，共同推进，才能最终获得成功。另外，虚拟现实体验是对传统电子消费品体验的颠覆，需要用户有一定的消费习惯和经验，作为基础和过渡。

近年来，随着 PC、智能手机及移动互联网的发展，发展虚拟现实的相关产业条件和产业能力、需求基础已经基本具备。这是本次虚拟现实热潮与前两次热潮之间的本质区别。因此，对于本次虚拟现实热潮而言，它必然将与前两次热潮有着完全不同的最终结局。这些相关产业条件和产业能力主要体现如下。

（1）基础产业能力已经基本完善

在摩尔定律的指引下，近年来计算芯片的整体性能得到极大提升，主要体现在两方面，一是计算能力的提升，二是集成能力的提升，即元器件的小型化。以英伟达（NVIDA）发布的最新 GPU（Graphics Processing Unit，图形处理器）显卡芯片 GTX1080 为例，其核心频率首次超过 2GHz，达到 2144MHz，浮点运算能力高达每秒 9 万亿次（9TFLOPS）。

GPU 有着独特的体系结构，它将更多的晶体管用于执行单元，而非像 CPU（Central Processing Unit，中央处理器）那样用作复杂的数据缓存和指令控制。因此，将 CPU 与 GPU 协同工作，CPU 负责逻辑性强的事务处理和串行计算，GPU 负责高度并行化的计算任务，可以大幅度地提升并行计算能力。

同时，各类芯片的成本也在大幅度地下降。风险投资家 Mary Meeker 发布的《Internet Trends 2014》报告显示，1990-2013 年间，计算成本平均每年下降 33%。

近年来显示技术也取得了巨大进步。面板显示技术方面，AMOLED 显示芯片已经逐步发展成熟，并开始规模化量产。相较于 LCD 屏幕，AMOLED 显示屏具有分辨率更高、发光时间更短、低余晖、刷新率更高、厚度更薄、耗电量更低等诸多优势。

AMOLED 显示屏能很好地解决：分辨率不高带来的纱窗效应，像素点发光时间长带来的高余晖，较长的显示延迟，刷新率不高带来的屏幕闪烁等问题。这些问题如果不解决最终会导致晕动症的出现，因此，AMOLED 显示屏更适合虚拟现实头戴式显示设备的体验要求。

此外，随着谷歌眼镜、微软 Hololens 眼镜的发展和进步，光场显示技术逐渐成熟起来，光场显示设备更加轻便和灵活。

近年来，随着网络技术的发展，以及对网络基础设施投资力度的加强，网络能力得到较大的提升。无线网络方面，4G+ 网络已经大规模商用，其下行峰值速率最高可达 300Mbit/s；而且各国正在加紧开展 5G 的研发和标准制定，5G 具有高速率、低时延等典型特征，其下行峰值速率预计将达到 20Gbit/s，用户体验速率将达到 100Mbit/s ～ 1Gbit/s，时延将低于 1ms。

有线宽带网络方面，光纤网络及光交换机得到大规模应用，推动家庭有线宽带的接入能力大幅度提升。在欧美、日韩等发达国家，家庭有线宽带接入能力已经超过了 1Gbit/s。

（2）核心关键技术取得突破

随着智能手机的发展，陀螺仪、线性加速度计等传感器获得了大规模应用和发展。这极大地带动了相关传感器技术的成熟和产业化应用，主要体现在测量精度提升、设备小型化以及价格降低等方面。这为虚拟现实系统在人身体部位的姿势判断方面，提供了非常廉价和成熟的技术解决方案。

以微软 Kinect 为代表，近年来计算机视觉技术及产品逐渐发展成熟。计算机视觉技术要解决的问题是，如何让各种智能终端获取真实世界的图像，感知真实世界的三维环境并进行分析处理。在虚拟现实系统中，计算机视觉相关技术和产品，主要应用于动作捕捉、空间位置定位等，实现外部信息的输入。

随着近年来 3D 游戏、动画电影等产业的发展，计算机图形学的相关技术、工具、算法取得了较大的突破和产业化应用。这为虚拟现实应用的生成和处理，提供了重要的算法和工具基础。

（3）产业发展模式更加成熟多样

风险资金看好虚拟现实的发展前景，持续加大投入，为技术和产品创新提供重要的资金支持。美国虚拟现实调查机构 Greenlight VR 发布的数据显示，2010-2015 年上半年，全球虚拟现实公司风险融资额达到 7.46 亿美元，2015 年前 6 个月风险投资机构在虚拟现实领域的投资额达到 2.815 亿美元，比 2014 年全年的投资额增加了 52%。国内虚拟现实媒体 87870 发布的研究报告显示，2015 年我国仅 VR 硬件设备领域公司的融资额，就超过了 7 亿元人民币。

此外，微软、Facebook、Sony、腾讯等产业巨头，也看好虚拟现实的发展前景，行业布局动作不断。产业巨头在研发实力、产业发展经验、产业合作资源等方面均具有较强的优势，这些优势将能够有效帮助虚拟现实产业的发展。

在产业巨头的不断摸索下，产业生态化发展模式成功应用，相关经验和知识在行业内大规模扩散，成为行业通用经验和知识。因此，虚拟现实产业的发展，一开始就站在更高的起点，它不需要在完全空白的状态下重新开始探索，而是可以完全继承和利用这些产业经验，并在此基础上进行产业创新。这极大地加快了虚拟现实产业发展的步伐。

变现通道极大丰富，不再仅仅局限于硬件设备的销售收入。变现通道的多样化，将能够为产业发展提供多样化的收入来源，进而反哺虚拟现实产业的发展，形成良性的正反馈。近年来，智能手机和移动互联网的发展，催生了 APP 付费下载、APP 内购买、订阅服务、广告营销等多种衍生变现渠道。这些变现通道，同样可以应用于虚拟现实行业。这将极大地调动虚拟现实产业链各方的参与积极性，进而形成完善的生态化布局，推动虚拟现实产业的发展。

（4）消费者需求不断演进，消费者习惯逐渐养成

近年来，智能手机、智能手环、智能手表等智能硬件，及相关移动互联网应用获得了巨大的发展。消费者对智能硬件的使用习惯逐渐培养起来，消费者已经越来越离不开智能硬件所创造的便利、智能生活。

同时，消费者对各种智能硬件及其所创造的智能生活越来越习惯和依赖，进一步激发他们对更智能、更人性的智能产品的需求。而虚拟现实产品及应用，是对当前智能硬件及应用体验的升级，正好满足了消费者的进一步需求。

因为有这些产业基础作为保障，产业界对虚拟现实的前景十分乐观，从全球专业机构对虚拟现实行业的预测即可见一斑。2016 年 2 月，投资银行高盛集团发布研究报告，详细讨论了虚拟现实和增强现实产业的未来发展状况。基于标准预期，到 2025 年该市场规模将达到 800 亿美元，其中硬件营收 450 亿美元，软件营收 350 亿美元。基于乐观预期，到 2025 年该市场规模将达到 1820 亿美元，其中硬件营收 1100 亿美元，软件营收 720 亿美元。

虚拟现实产业的发展，具有重要的产业意义，主要体现在以下方面。

作为一款新型的消费电子产品，虚拟现实终端产品为电子消费品行业创造了一个新的品类。它的发展和壮大，将直接带动电子消费品产业的发展。电子消费品行业的整体市场规模将进一步扩大，产业链上下游厂商都将集体受益。

虚拟现实的沉浸感、交互性和构想性体验特征，相对于当前的智能硬件和

应用体验而言，对设备元器件的性能要求更高。因此，随着虚拟现实相关技术和产品的创新，以及产业化的推进，电子消费品行业整体技术能力将获得巨大进步。

虚拟现实终端具有通用目的性，应用范围非常广泛。随着虚拟现实终端及技术在不同行业的深度应用，将对这些行业的市场结构、提供服务的方式以及运行流程等方面带来深刻的影响。

## 参考文献

[1] 李湘德，彭斌. 虚拟现实技术发展综述 [J]. 技术与创新管理，2004,25(6): 10-14

[2] 康敏. 关于"Virtual Reality"概念问题的研究综述 [J]. 自然辩证法研究，2002,18(2):77-80

[3] 赵沁平. 虚拟现实综述 [J]. 中国科学 (F 辑：信息科学 ), 2009,39(1):2-46

[4] 虚拟现实 50 年 [EB/OL]. http://36kr.com/p/219558.html, 2015

VR:
when fantasy meets reality

第 2 章

# 虚拟现实的输入

VR:
when fantasy meets reality

VR:
when fantasy meets real

VR:
when fantasy meets reality

VR:
when fantasy meets reality

# 2.1 输入技术概述

虚拟现实具有沉浸性、交互性和构想性的特征，其中交互性主要依赖于虚拟现实输入技术和相关设备实现。

键盘和鼠标是个人电脑时代最主要的输入设备，在人们的日常工作、生活中发挥着不可替代的作用。

2007 年苹果公司推出了划时代的智能终端产品 iPhone，将触控技术推入市场主流，掀起了智能手机革命。随着移动智能终端的普及，触控成为最流行的输入技术。

但不论通过鼠标还是触控，这些输入方式只允许用户通过手在桌面上或一个小区域内进行运动，以实现对系统的控制，严重限制了用户对系统控制意识表达的全面性和灵活性。

对于虚拟现实系统中，首先需要感知和了解用户的位置和动作才能给用户正确的输出反馈，因此虚拟现实输入技术的核心是动作跟踪与捕捉。

动作的跟踪与捕捉是依靠各类基于传感器的技术方案来完成。传感器是虚拟现实输入技术的基础，相关的传感器主要包括由加速度传感器和陀螺仪组成的惯性测量单元及用于确定用户具体位置的跟踪定位单元。近年来移动智能终端的技术发展推动了传感器的普及化和高度集成化，为虚拟现实打下了良好的基础。

对于动作跟踪与捕捉，涉及到两方面的问题：局部运动的跟踪与捕捉，包括头部动作、眼动和手部动作等，解决用户小尺度运动的交互需求；全身运动的跟踪与捕捉，解决用户大尺度运动的交互需求。

局部动作跟踪与捕捉的方法主要有基于惯性测量单元和基于计算机视觉两种方法。全身动作跟踪与捕捉技术则可分为三类：基于惯性测量单元的全身动作捕捉；基于计算机视觉的动作捕捉；基于马克点的光学动作捕捉。

随着智能语音技术的发展，用户可以在不进行运动的情况下，通过语音输入技术实现和虚拟现实系统交互的意图。

基于动作跟踪与捕捉及智能语音等虚拟现实输入技术，用户在虚拟现实系统中可获得真实自然的交互体验。

## 2.2 主要相关传感器

### 2.2.1 加速度传感器

加速度传感器广泛应用于手机等消费电子设备中，可以在不用用户主动输入的情况下，作为用户动作采集器来感知用户手部前后、左右和上下等的移动动作，并在游戏等应用中转化为虚拟的场景动作如挥拳、跳跃等。

加速度传感器可分为压阻式、电容式、谐振式和压电式等[1]。

（1）压阻式传感器

压阻式传感器是通过可动质量块感应加速度，将输入转化为弹性结构的形变，从而引起制作在弹性结构上的压敏电阻阻值的变化，再通过外界电路将电阻的变化转换为电压或电流的变化。

压阻式传感器具有加工工艺简单，测量方法简易，线性度好等优点，但其温度效应较严重且灵敏度较低。

（2）电容式传感器

电容式传感器通过可动质量块感应加速度，利用平行板电容将质量块的相对位移转换为电容的变化，再通过检测电路将电容的变化转换为与其成正比的电压变化。

电容式传感器具有温度效应小，功率损耗低，灵敏度相对较高的优点，但由于加速度仅能引起电容的微小变化，测试方法比较复杂。

（3）谐振式传感器

谐振式传感器通过检测谐振元器件固有频率的变化获得加速度。其优点在于输出的是谐振频率信号，省去模拟数字的转化；抗干扰能力强，性能稳定；灵敏度高。但谐振式传感器也有一定的缺点，对材料质量要求较高，加工工艺较复杂。

（4）压电式传感器

压电式传感器是利用压电效应的原理来工作的。所谓的压电效应就是：对于不存在对称中心的异极晶体加在晶体上的外力除了使晶体发生形变以外，还将改变晶体的极化状态，在晶体内部建立电场，这种由于机械力作用使介质发生极化的现象称为正压电效应。

　　一般加速度传感器就是利用其内部的由于加速度造成的晶体变形的特性。由于变形会产生电压，只要计算出产生电压和所施加的加速度之间的关系，就可以将加速度转化成电压输出。

　　最简单的加速度传感器就是重力传感器，可以检测到物体在重力方向的加速度变化，用在电子设备的跌落保护等方面。在移动终端领域应用最广泛的加速度传感器就是三轴加速度传感器，三轴加速度传感器用于测量运动物体在空间不同维度的线性加速度。具体来说，就是对物体在三维空间的线性加速度进行分解，获得其在 $x$、$y$、$z$ 三个坐标轴上的分量，如图 2-1 所示。

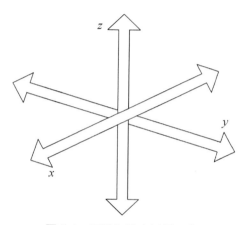

**图 2-1　三轴加速度测量示意**

　　随着传感器集成度的不断提升，部分传感器厂商将磁力计集成到加速度传感器中，实现对 $x$、$y$、$z$ 轴方向的线性加速度和运动方向的统一测量。

　　加速度传感器的关键参数是灵敏度，一般用 mg/LSB 表示灵敏度，LSB 的意思是最小有效的数字输出位数。在 LSB 确定的情况下，如果加速度传感器支持多个不同的量程，则灵敏度会不同，量程越大，灵敏度越低。

## 2.2.2　陀螺仪

　　陀螺的原意是高速旋转的刚体，能够测量相对惯性空间的角速度和角位移[2]。人们利用陀螺的力学性质所制成的各种功能的陀螺装置称为陀螺仪，陀螺仪又称为角速度传感器。

陀螺仪的基本原理是，一个旋转物体在不受外力影响时，其旋转轴的指向总是保持不变。

陀螺仪的主要组成部分是一个对旋转轴以极高角速度旋转的转子，转子装在一个支架内；在通过转子中心的轴线上安装一个内环架，陀螺仪就可环绕平面两轴做自由运动；然后，在内环架外再加装一个外环架，此时陀螺仪就可以环绕三轴做自由运动，如图 2-2 所示。

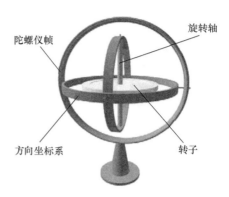

图 2-2　陀螺仪示意

陀螺仪从技术原理上可以分为激光陀螺仪、光纤陀螺仪和微机电陀螺仪（MEMS）等。

激光陀螺仪是以萨格纳克（Sagnac）效应为基础的由环形激光谐振腔构成的测量角速度及角度的装置。当其绕闭合光路等效平面垂线旋转时，相反传输的两光束谐振频率不同，频差正比于谐振腔相对于惯性空间转动的角速度，输出脉冲数正比于转过的角度，检测频差及脉冲数，即可分别知道陀螺仪转动的角速度及转过的角度[3]。

光纤陀螺仪是基于萨格纳克效应的光学陀螺仪。其和激光陀螺仪相比，不需要光学镜的高精度加工、光腔的严格密封和机械偏置技术，能够有效地克服激光陀螺仪的闭锁现象，且易于制造[4]。

微机电陀螺仪是 20 世纪 80 年代后期发展起来的一种惯性系统，具有尺寸小、质量轻、成本低、可靠性高、动态性能好的优点[5]。

微机电陀螺仪利用科里奥效应测量运动物体的角速度。微机电陀螺仪有多种结构，其中一种流行的结构是调音叉结构。这种结构由两个振动并不断做反向运动的物体组成。当施加角速度的时候，每个物体上的科里奥效应产生相反的力，从而引起电容变化。电容差值与角速度成正比，通过测量和转换电容差值就可以计算出角速度[6]。

微机电陀螺仪的关键参数包括量程、零速率输出值和灵敏度等。其中零速率输出值和灵敏度还与温度变化有关系，需要特别注意。

### 2.2.3　惯性测量单元

加速度传感器只能测量运动物体在轴向的线性加速度，适用于长时间、静态的倾斜角度变化，而陀螺仪用于对物体短时间、动态的姿态变化进行捕捉。将加速度传感器和陀螺仪相结合，就构成基本的惯性测量单元（Inertial Measurement Unit）。惯性测量单元模块广泛应用于体感动作捕捉。基于惯性测量单元，可以实现对运动物体的六自由度动作捕捉，即三个平移（沿着 $x$、$y$、$z$ 轴）和三个转动（偏航、俯仰、横摇）自由度，如图 2-3 所示。

惯性测量单元已经被集成在手机、动作跟踪与捕捉等设备中，例如 iPhone6 就集成了 InvenSense（应盛美）公司生产的型号为 MP67B 的惯性测量单元。

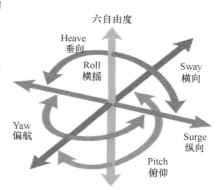

图 2-3　基于惯性测量单元的六自由度动作捕捉

### 2.2.4　跟踪定位单元

跟踪定位单元用于追踪用户在固定空间中的位置。目前主要包括红外光学定位、激光定位和可见光定位三种技术。

（1）红外光学定位

这类定位方案的基本原理是利用多个红外摄像头对室内定位空间进行覆盖，在被跟踪物体上放置红外反光点，通过捕捉这些反光点反射回摄像机的图像，确定其在空间的位置信息。这类定位系统具有非常高的定位精度。

（2）激光定位

该方案的基本原理是在定位空间搭建多个定位光塔（可以发射激光的塔柱），利用定位光塔对定位空间发射横竖两个方向扫射的激光，在被定位物体上放置多个激光感应接收器，通过计算两束光线到达定位物体的角度差，计算出待测定位节点的坐标。这类定位系统相比于红外光学系统的优势在于成本相对较低，且定位精度较高。

（3）可见光定位

此类定位技术的成本明显低于前两种技术，但精度也低了很多，而且受自然光的影响比较大。和红外光学定位相似，可见光定位的方案也是用摄像头拍摄室内场景，但是被跟踪点不是用反射红外线的材料，而是主动发光的标记点（类似小灯泡），不同的定位点用不同颜色进行区分。正是因为这种特性，可跟踪点的数量非常有限。

可以从精度和成本两个维度对上述三种跟踪定位单元进行比较，见表 2-1。

表 2-1 跟踪定位单元比较

| 项目 | 红外光学定位 | 激光定位 | 可见光定位 |
|------|------------|---------|-----------|
| 精度 | 高 | 较高 | 低 |
| 成本 | 高 | 较低 | 低 |

## 2.2.5 传感器调用接口

智能终端操作系统都对其内置的传感器能力进行封装并以 API 的形式提供给应用程序调用。

以安卓系统为例，谷歌在传感器部分提供了统一的硬件抽象层接口 Sensor 类供开发者调用，通过宏定义指定传感器硬件的 ID[7]。

安卓给具体传感器均定义了宏，见表 2-2，以便于应用程序调用。

表 2-2 传感器宏定义

| 常量名 | 说明 | 实际的值 |
|-------|------|---------|
| TYPE_ACCELEROMETER | 加速度 | 1 |
| TYPE_GYROSCOPE | 陀螺仪 | 4 |
| TYPE_LIGHT | 光照 | 5 |
| TYPE_MAGNETIC_FIELD | 磁力计 | 2 |
| TYPE_ORIENTATION | 方位传感器 | 3 |

（续表）

| 常量名 | 说明 | 实际的值 |
|---|---|---|
| TYPE_PRESSURE | 压力传感器 | 6 |
| TYPE_PROXIMITY | 距离传感器 | 8 |
| TYPE_ALL | 全部的传感器 | −1 |

应用程序在注册具体传感器服务时，只需将传感器的宏定义作为参数传给 sensorManager 类的 getDefaultSensor (Sensor.Type_LIGHT) 函数，就可以进一步获取该传感器的服务。

具体来讲，安卓传感器调用机制共分为 5 步。

（1）通过调用 getSystemService (SENSOR_SERVICE) 函数获取系统传感器服务。

（2）将具体传感器类型作为参数，通过调用 getDefaultSensor() 函数指定具体传感器类型的实现。

（3）通过调用 registerListener() 函数注册具体传感器类型。

（4）实现回调函数，包括 onAccuracyChanged () 和 onSensorChanged() 函数。

（5）通过调用 unregisterListener() 函数注销具体传感器的使用。

安卓 Sensor 类的常用函数参见表 2-3。

表 2-3  Sensor 类常用函数

| 方法 | 处理内容 |
|---|---|
| public float getMaximumRange() | 返回传感器的最大值 |
| public String getName() | 返回传感器的名字 |
| public float getPower() | 返回传感器的功率 |
| public float getResolution() | 返回传感器的精度 |
| public int getType() | 返回传感器的类型 |
| public String getVentor() | 返回 Vendor 名 |
| public int getVersion() | 返回传感器的版本号 |

## 2.3 局部动作跟踪与捕捉

### 2.3.1 头部动作跟踪与捕捉

头部跟踪与捕捉系统是虚拟现实系统中的关键部分之一,用户的头部动作决定了用户的当前视点和关注焦点。头部运动跟踪与捕捉的目标是检测用户头部转动的方向:从左到右,从上到下,顺时针或逆时针等。目前头部跟踪系统通常采用惯性测量单元来实现六自由度的动作跟踪。当前主流的虚拟现实终端基本都具备头部跟踪功能,如图2-4所示。

**图2-4 支持头部动作跟踪与捕捉的虚拟现实设备**

根据产品形态不同,虚拟现实终端的头部跟踪功能有两种实现方式。一种是由外接的虚拟现实头盔独立集成头部跟踪功能,另外一种是利用手机自身内置的惯性测量单元实现头部跟踪功能。

### 2.3.2 眼动跟踪与捕捉

Oculus创始人帕尔默·拉奇曾称眼动跟踪为"虚拟现实的心脏",通过眼动跟踪技术对人眼位置的检测，能够为当前所处视角提供最佳的 3D 效果，使虚拟现实终端呈现出的图像更自然、延迟更小。同时，由于眼动跟踪技术可以获知人眼的真实注视点，从而得到虚拟物体上视点位置的景深。所以，眼动跟踪技术被认为是解决虚拟现实头盔眩晕病问题的一个重要技术突破。

眼动跟踪技术基本原理是利用光电传感器或其他传感器感应眼珠的转动，通过微处理器计算出眼睛凝视的方向和角度，达到跟踪目标的目的 [8]。总的来说眼动跟踪技术方法主要可分为三类：电子眼球符号方法、巩膜边缘探测方法和光电传感跟踪方法。

目前电子眼球符号方法和巩膜边缘探测方法发展较为缓慢，光电传感跟踪方法较成熟，具体介绍如下。

（1）异色边缘组织跟踪技术

该技术用一个近红外光发光二极管 (LED) 照射眼睛，并用两个光敏晶体二极管探测虹膜和角膜边缘反射的光线，从每个边缘区反射的光随眼睛水平移动而变化，通过二极管信号的加减来测量水平位置。用一个相似的传感器装置和一个 LED 瞄准另一只眼睛眼帘边缘下部，将得到的传感器信号相加测量出反射率随眼帘移动而与眼睛垂直位置成比例的变化，从而测量出眼睛垂直位置。

（2）角膜反射跟踪技术

在人眼睛前方设置一个近红外 LED 光源和一个固定在受试者头部正前方的相机。角膜反射的光线通过眼睛前面的光束分离设备和一些反射镜、透镜传输到相机，同样的装置设置于另一只眼睛前方。角膜反射光线的位置通过固定在头部前方摄像机屏幕上的图像及相应的一些算法确定。

（3）瞳孔跟踪技术

该技术用红外光照射眼睛，并将图像成像在传感器阵列上，计算机读取二元图像信息，执行算法来辨别瞳孔并找到其中心。

以上跟踪方法都是无侵入式方法。核心原理是借助摄像机拍摄用户的眼睛区域，进而基于图像处理提取眼睛特征，采用一些算法估算用户眼睛在屏幕上的注视位置。目前虚拟现实眼动跟踪多采用此种方法，如图 2-5 所示。

眼动跟踪在军事领域已广泛应用，但尚未广泛应用于虚拟现实终端领域，在虚拟现实领域的应用仍然有很大的想象空间。

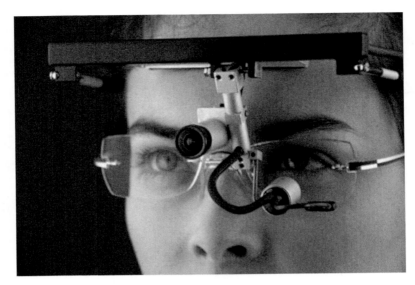

图 2-5　眼动跟踪示意

### 2.3.3　手部动作跟踪与捕捉

#### 2.3.3.1　基于惯性测量单元的捕捉

基于惯性测量单元是通过用户的手持或佩戴辅助设备的传感器实现动作数据的采集和分析的，主要包括下列方法和设备。

（1）手柄

手柄是现阶段应用最为广泛的虚拟现实动作捕捉设备，如图2-6所示，包括传统手柄及动作感应手柄。

传统手柄通过手柄中的惯性测量单元检测出加速度以及各测量轴方向上的分量，然后计算得出手柄相对于重力加速度轴和地磁场轴的俯仰角和方位角，将这两个角度作为手柄的状态变量计算得到动作指令，通过串口传送到主机端，然后在虚拟场景中完成相应动作。

感应手柄通过外部摄像头实现手柄的位置跟踪，用户通过操纵手柄可以在虚拟场景中自由移动。

图 2-6　虚拟现实手柄

目前标杆虚拟现实产品均具备惯性测量单元和视觉跟踪技术，例如 HTC Vive 的手柄（具体在第 5 章介绍）。

此外，手柄还可以通过按钮方式进行人机交互，并通过震动马达的方式实现反馈，增强使用者的沉浸感。手柄具备结构简单、性能稳定、成本低廉、使用方便、可移植性强等特点，但也存在明显缺陷，例如对于手部关节的精细动作无法还原，无法进行手部动作的精准定位，容易受周围环境铁磁体的影响而降低精度等。

（2）数据手套

如图 2-7 所示，数据手套是一种虚拟现实系统的交互设备，通过数据手套上的传感系统将操作者的手部位置数据和手形数据转变成传感信号并输入到计算机，计算机通过读取并分析传感器的信号识别操作者的手势。数据手套具有识别率高，受外界环境影响小等优点，但也存在一些缺点，即做手势的人要佩戴复杂的数据手套和位置跟踪器，这样使得交互方式不自然，并且输入设备昂贵。

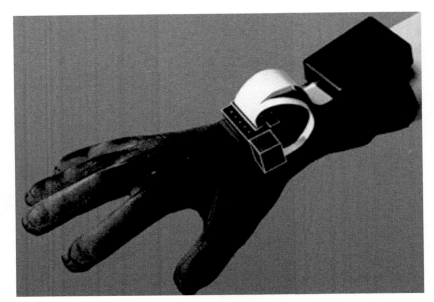

图 2-7　数据手套

### 2.3.3.2　基于计算机视觉的手势捕捉

随着摄像头技术的发展和成本的降低，基于计算机视觉的手势捕捉技术逐渐成熟起来。基于计算机视觉的捕捉就是通过检测图像或者视频的数据帧中是否有手势，并根据一定的参数特征和模型估计识别出相应的手势，如图 2-8 所示。

图 2-8　基于视觉的手势捕捉

与基于数据手套的手势捕捉技术相比，基于视觉的手势交互系统的输入设备成本较低，对用户限制少，使用户可以自然地与计算机进行交互，符合人机交互技术的要求。

Leap Motion 是最具有代表性的手势捕捉设备，如图 2-9 所示。它是由美国体感控制器制造公司 Leap 于 2013 年 2 月 27 日发布的一款专门识别手势并进行手势交互的体感控制器。

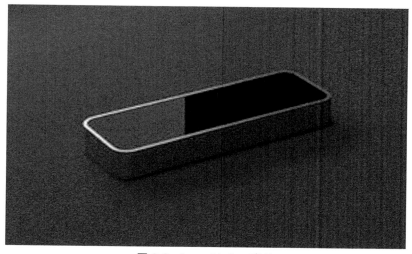

图 2-9　Leap Motion 产品

该设备通过红外 LED+ 灰阶摄像头采集数据。Leap Motion 利用双目 IR 摄像头形成深度视野，然后通过算法捕捉手势。其官方表示，Leap Motion 对手势的跟踪可以达到亚毫米精度。

Leap Motion 利用双目红外成像的原理重建出手的三维空间运动信息，能检测并跟踪手、手指和类似手指的工具，实时获取它们的位置、方向和部分手势信息。其采集的基本单位是帧，平均具有 0.7 mm 级的捕获精度，有很高的采集效率与准确性，能够满足姿态估计对于手信息采集的要求。

如图 2-10 所示的 Leap Motion 手部模型，其中圆点和箭头表示 Leap Motion 获取的指尖坐标和方向向量。需从 Leap Motion 获取每只手和手指的信息如下 [9]：

（1）手掌坐标（Palm Position），手掌中心的坐标，单位 mm；

（2）手掌法向（向量）（Palm Normal），与手掌面垂直的向量，指向手掌内侧；

（3）手方向（向量）（Direction），由手掌中心指向手指方向的向量；

（4）手指长度（Length），手指的可视长度（从手掌长出来的部分）；

（5）手指方向（Direction），一个单位朝向向量，方向与手指指向相同（从指根到尖端）；

（6）尖坐标（Tip Position），指尖的位置。

图 2-10　Leap Motion 手部模型

Leap Motion 的优势在于能够直接获取一些手部的静态、动态信息，缺陷在于封装了识别方法和过程，受 Leap Motion 自身的封闭性及其提供信息的局限性的影响，难以直接通过这些信息完整地估计手的姿态，必须借助于相应的估计方法。

虽然现阶段基于视觉的手势捕捉技术已获得长足进步，但仍面临着许多挑战，目前存在的关键技术难点如下 [10]。

第一，系统所处的环境复杂度受到限制。实际应用中，交互系统所处的环境往往是复杂的，光照的亮度会发生变化，背景中的物体颜色可能与肤色相近，画面中可能有其他物体移动或摄像头移动，手势运动过程中会产生阴影、遮挡等问题，这些实际应用场景中常见的情况都会影响手势识别的准确性。

第二，用户自由性受到限制。为了较好地区分手势和背景，大量研究者会对手势分割有一定的前提预设。比如，要求用户必须身着深色衣服，必须身处白色墙壁前，甚至佩戴特殊颜色的手套，画面中不能出现人脸和手臂，不能有其他人在场等要求。通过不同的限制方式，来加强手势和背景的区别，但这种方式恰恰与交互系统的用户舒适度和自由度的要求背道而驰。

第三，手势的高维问题。作为我们表达想法的外在工具，手势具有多样性、差异性和多义性的特点。同一手势在不同的摄像头采集设备中会呈现出图像的差异，同一个人在不同的场合下，所使用的手势会代表不同的意义。同一手势在不同人的展示下，也会随着手的颜色、大小、形状以及个人习惯等的不同带来不同的变化。这些手势间的差异变化会给手势识别带来较大的困难，如何解决由人手高自由度引起的高维问题是研究的难点之一。

第四，系统实时性与识别率之间的平衡。为了适应复杂环境，又不限制用户的自由，许多研究者提出了复杂的手势识别算法。这些算法由于复杂程度的提高，必定损失系统的实时性要求，但系统的实时性又是交互系统中非常重要的技术指标之一，所以如何兼顾系统实时性和识别准确率是需要研究的问题。

## 2.4　全身动作跟踪与捕捉

### 2.4.1　基于惯性测量单元的动作捕捉

基于惯性测量单元的动作捕捉就是通过佩戴在肢体上的传感器进行动作感知，采用无线方式传输数据，将动作实时同步到 3D 软件中。基于惯性测量单元的全身动作捕捉系统需要在身体的重要关节点佩戴集成加速度传感器、陀螺仪和磁力计等惯性测量单元的传感器，然后通过算法实现动作的捕捉。惯性测量单元能够克服其他传感设备存在的抖动、延迟干扰、缓慢漂移、限制运动范围的问题。本节以 Inertial Labs 的 3DSuit 为例介绍基于惯性测量单元的动作捕捉系统。

3DSuit 是一种基于惯性测量单元实现动作实时捕捉的人体测量和重构装备，系统可通过人体生物力学模型测算出关节的位置，并对人体主要骨骼部位的运动进行实时测量，如图 2-11 所示。

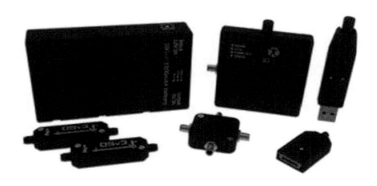

图 2-11　3DSuit 组件

该系统包含 17 个物理惯性传感器，每个都包括陀螺仪、加速度传感器和磁力计，如图 2-12 所示。

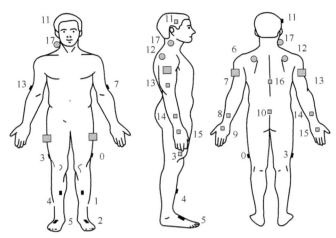

图 2-12　3DSuit 惯性传感器分布

传感器采集的所有数据将通过蓝牙传送到计算机，3DSuit 软件处理并传输数据到 3D 动画软件如 Motion Builder。所有步骤都在动态中用最小时间间隔完成，真正做到实时的动作捕捉。

惯性测量单元主要依赖于无处不在的地球重力和磁场，不需要摄像机、发射体、标记物或其他动态捕捉的特殊装备，因此基于惯性测量单元动作捕捉系统可以在任何地方使用，无需进行准备工作。动作捕捉可以直接由动画制作者操作而无需任何协助，不需要进行事先的校准操作。惯性动作捕捉系统主要的缺点是设备成本较高，难以直接用于虚拟现实商业化产品中。

## 2.4.2　基于计算机视觉的动作捕捉

和手势捕捉同理，基于计算机视觉的全身动作捕捉设备是指基于计算机视觉原理，由多个高速相机从不同角度对目标特征点的监视和跟踪进行动作捕捉的设备。

通过计算机视觉的方法对用户全身动作进行捕捉，关键在于能够检测深度信息，识别用户在空间中的具体位置，以及把用户的肢体及动作从空间中的多个物体中识别出来。

微软公司的 Kinect 是基于计算机视觉进行动作捕捉的典型设备。微软在 2009年 6 月的 E3 游戏展上正式公布了搭配 Xbox 360 游戏主机使用的体感操控外设，并在 2012 年 2 月推出 Kinect for Windows 传感器以及 Kinect for Windows SDK 软件开发工具包。

Kinect 是一款运动感知输入设备，是一种采用全新空间定位技术的体感摄像头的体感外设，使用者利用即时动态捕捉、影像辨识、麦克风输入、语音识别等功能使用身体姿势和语音命令通过自然用户界面技术与计算机进行交互，从而摆脱传统输入设备的束缚。

Kinect 有三个镜头，中间的镜头是彩色摄影机，用来采集彩色图像。左右两边镜头为 3D 深度摄像头，分别由红外线发射器和红外线 CMOS 摄像机所组成，用来采集深度数据（场景中物体到摄像头的距离）。

彩色摄像头最大支持 1280×960 分辨率成像，红外摄像头最大支持 640×480 分辨率成像。Kinect 还搭载了底座马达随着对焦物体移动而转动的追焦技术。Kinect 在内部搭配了阵列式麦克风，4 个麦克风同时收音，通过比对消除杂音，并通过采集声音进行语音识别和声源定位。Kinect 的规格参数见表 2-4。

表 2-4　Kinect 的参数

| 感应项目 | 有效范围 |
|---|---|
| 颜色和深度 | 1.2 ～ 3.6m |
| 骨架跟踪 | 1.2 ～ 3.6m |
| 视野角度 | 水平 57°，垂直 43° |
| 底座转动范围 | 左右各 27° |
| 每秒画格 | 30f/s |
| 深度解析度 | QVGA（320×240） |
| 颜色解析度 | VGA（640×480） |
| 声音格式 | 16kHz，16 位元，Mono Pulse Code Modulation (PCM) |
| 声音输入 | 4 麦克风阵列，24bit 立体声音频 ADC，杂音消除 |

简单来说，Kinect 的工作原理主要是通过一个可见光 RGB 摄像头和两个深度

摄像头，同时配合麦克风、传感器，采集彩色影像、3D 景深影像（通过红外摄像头完成）和高保真录音。

Kinect 的关键技术包括深度成像和骨骼识别[11]。

（1）深度成像

Kinect 的深度成像核心技术叫作光编码（Light Coding）。具体来说，红外线发射器向被侦测物体发射红外线，当照射到粗糙物体时，光谱会发生扭曲，形成随机的反射斑点，即散斑。这些散斑具有唯一性特征，即散斑具有高度的随机性，并且会随着距离的不同而变换图案。

当这些散斑被红外线 CMOS 摄像机接收后，就相当于整个空间被做了标记，只要对空间内物体的散斑图案进行分析就可以知道物体的位置及深度信息。由于这种技术是利用 Kinect 红外发射器发出的红外线对空间进行编码，因此无论环境光线如何，成像结果都不会受到干扰。

（2）骨骼识别

Kinect 在获得深度图像后，就需要分析出该图像中的人体骨骼以便于运动分析。识别人体的第一步是从深度图像中将人体从背景环境中分离出来，这是一个从噪声中提炼有用信息的过程。Kinect 会首先分析比较接近 Kinect 的区域，接着逐点扫描这些区域深度图像的像索，从深度图像中将人体各个部位识别出来。

人体部位是通过特征值快速分类的，这一过程基于计算机视觉技术，包括边缘检测、噪声阈值处理、对人体目标特征点的分类等，最终将人体从背景环境中区分出来。

接下来要进一步识别人体的关节点，系统根据"骨骼跟踪"的 20 个关节点生成一副骨架系统，通过这种方式 Kinect 能够基于充分的信息最准确地评估人体实际所处的位置，如图 2-13 所示。Kinect 可以主动跟踪最多 2 个用户的全身骨架，或者被动跟踪最多 6 个用户的形体和位置。

另外，Kinect 与 Microsoft Speech 的语音识别 API 集成，使用一组具有消除噪声和回波的四元麦克风阵列，能够捕捉到声源附近有效范围之内的各种信息。

Kinect for Windows SDK 提供软件库及工具，帮助开发者充分利用 Kinect 的自然输入、信息捕捉以及对真实世界事件的反应等特性进行开发工作。Kinect 传感器通过该软件库与应用程序进行交互，如图 2-14 所示。

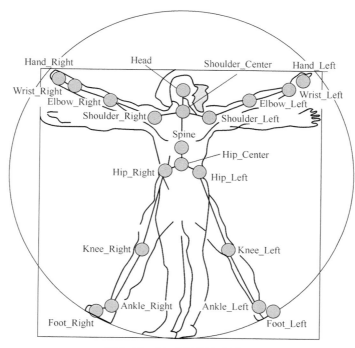

图 2-13　20 个骨骼点示意

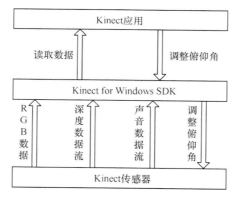

图 2-14　应用程序与软硬件之间的交互

　　其中，Kinect for Windows SDK 中的设备驱动程序首先从硬件读取原始数据，包括图像数据、深度数据和音频数据，然后在 NUI（Natural User Interface，自然用户界面）类库中进行计算，得到骨骼点位置、声源位置等信息。而 Kinect 应用则通过与 NUI 类库中的接口进行交互，获取所需的数据。

### 2.4.3　基于马克点的光学动作捕捉

典型的光学动作捕捉系统一般由一组摄像机与数据处理服务器组成，大多数采用 6 ～ 8 个相机环绕表演场地排列，这些相机的视野重叠区域就是表演者的动作范围。为了便于处理，通常要求表演者穿上单色的服装，在身体的关键部位，如关节、髋部、肘、腕等位置贴上一些特制的标志或发光点，称为"Marker"，即"马克点"，视觉系统将识别和处理这些标志。

在对相机标定后，相机连续拍摄表演者的动作，并将图像序列保存下来，然后再进行分析和处理，识别其中的标志点，并计算其在每一瞬间的空间位置，进而得到运动轨迹。为了得到准确的运动轨迹，相机需要具备较高的拍摄速率，一般要达到每秒 60 帧以上。

此类动作捕捉系统较具有代表性的有英国 Oxford Metrics Limited 集团旗下的 Vicon 系统，NaturalPoint 公司的 OptiTrack 和美国的 Motion Analysis 公司的 Raptor 系统。本节以 OptiTrack 为例，介绍基于马克点的光学全身动作捕捉系统。

OptiTrack 全身动作捕捉系统的主要组件包括动作捕捉相机和动作捕捉软件，如图 2-15 所示。其中动作捕捉相机 V100R2 通过 USB 同步和供电，内置可更换镜头，可选择 3.5mm、4.5mm、5.5mm 三种镜头，相机的曝光时间、帧速可根据需求进行调整。

动作捕捉软件 Arena 结合数据捕捉、编辑和输出等功能。Arena 软件与 V100R2 摄像头等动作捕捉工具配合使用，可以为用户提供准确的捕捉数据，并可对最终输出序列进行控制。

按照系统要求，全身动作捕捉最少需要配置 6 台摄像头。如果要提高跟踪效果或增大捕捉范围，建议配置安装更多摄像头，目前最多可配置 24 台摄像头。

光学动作捕捉系统的优点是位置精准度较高，采样速率较高，可以满足多数高速运动测量的需要，能够同时捕捉关节转动和位移数据。同时，基于摄像机的光学跟踪系统采用的多个摄像机跟踪标记点位置变化进行动作捕捉的方式是非常灵活的，用户可以采用尽可能多的标记点进行动作捕捉，并且可以对任何物体的运动进行跟踪。

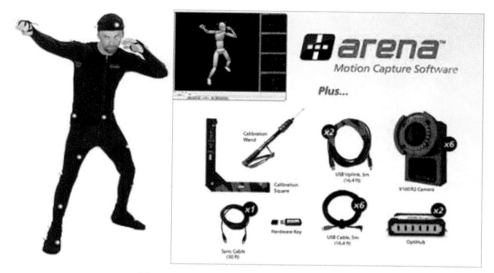

图 2-15　OptiTrack 全身动作捕捉系统组件

该类系统的缺点是系统部署较复杂（包括"光学＋设备安装布置＋全身动作捕捉"），成本较高（占据一定空间，且价格较昂贵），后处理（包括马克的识别、跟踪和空间坐标的计算）的工作量较大，因此用于消费级 VR 市场的难度较高。

## 2.5　语音输入

语音输入是虚拟现实输入系统的关键环节，它所要解决的问题是让虚拟现实系统"听明白"人类的语音，将语音信号中包含的文字信息"剥离"出来。

在虚拟现实系统中，用户可以通过语音输入实现交互功能，包括选择功能菜单、查询信息、启动游戏或应用等。

语音输入与识别是一个多学科交叉的技术领域，涉及信号与信息处理、信息论、随机过程、概率论、模式识别、声学处理、语言学、心理学、生理学以及人工智能等多个领域。

语音输入与识别的性能指标主要有 4 项。

（1）词汇表范围

这是指机器能识别的单词或词组的范围，如不做任何限制，则可认为词汇表范围是无限的。

（2）说话人限制

这是指仅能识别指定说话者的语音，还是对任何说话者的语音都能识别。

（3）训练要求

使用前要不要训练，即是否让机器先"听"一下给定的语音以及训练次数的多少。

（4）正确识别率

平均正确识别的百分数，它与前面三个指标有关。

通常情况下，一个语音识别系统包括特征提取及处理、声学模型、发音词典、语言模型和解码器 5 个重要部分，如图 2-16 所示。

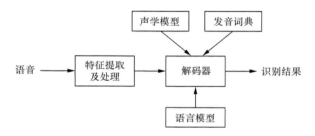

**图 2-16　语音识别系统流程**

特征提取及处理是将语音信号参数化，把其转换成语音识别系统可以处理的特征矢量序列，解决了语音信号的数字表示问题。声学模型则起着对语音信号分类的作用，受说话人、背景噪声和信道等因素的影响，语音信号在时域和频域上的变化都比较强烈，因此对声学模型提出了较高的要求。

语言中词与词之间的连接存在某种规则，语言模型通过描述这种规则，辅助解决声学上的混淆，使最后选出的词序列符合语言特性。发音词典是语音识别系统的重要组成部分，它定义了语音识别系统所能处理的词汇集及词的发音，提供了声学模型与语言模型之间的映射关系。

最后，解码器从声学模型、语言模型和词典构成的搜索空间中找到最佳词序列，匹配后输出识别结果 [12]。

在业界公司与学者的努力下，语音输入与识别技术在近年来取得了巨大的进展，苹果公司的"Siri"、谷歌公司的"Now"和微软公司的"Cortana"等基于语音输入的个人智能助手已经成熟商用，国内的百度、科大讯飞等公司也研发了较成熟的商用产品。

# 参考文献

[1] 刘妤，温志渝，张流强，等．微加速度传感器的研究现状及发展趋势 [J]．光学精密工程，2004, 12(z1):81-86

[2] 梁阁亭，惠俊军，李玉平．陀螺仪的发展及应用 [J]．飞航导弹，2006(4)

[3] 王轲，杨雨．激光陀螺仪 [J]．导航与控制，2005(4):29-29

[4] 周海波，刘建业，赖际舟，等．光纤陀螺仪的发展现状 [J]．传感器与微系统，2005, 24(6):1-3

[5] 王寿荣，李宏生，黄丽斌，等．微机电陀螺仪技术研究进展 [J]．导航与控制，2010, 9(3)

[6] Jay Esfandyari，Roberto De Nuccio，Gang Xu. MEMS 陀螺仪技术简介 [J]．电子与电脑，2011(4)

[7] 陈肖肖，周高磊，何旭，等．基于 Android 移动设备传感器的研究与应用 [J]．消费电子，2014(14):6-7

[8] 蔡国松，卢广山，王合龙．眼跟踪技术 [J]．电光与控制，2004, 11(1):71-73

[9] 胡弘，晁建刚，杨进，等．Leap Motion 关键点模型手姿态估计方法 [J]．计算机辅助设计与图形学学报，2015,27(7):1211-1216

[10] 盛亚婷．基于视觉的体感交互技术研究 [D]．浙江大学硕士论文，2015

[11] 石曼．Kinect 技术与工作原理的研究 [J]．哈尔滨师范大学自然科学学报，2013, 29(3):83-86

[12] 齐耀辉．自然口语语音识别中的声学建模研究 [D]．北京理工大学信息与电子学院博士论文，2014

VR:
when fantasy meets reality

第 3 章

# 虚拟现实的输出

VR:
when fantasy meets reality

VR:
when fantasy meets rea

VR:
when fantasy meets reality

VR:
when fantasy meets reality

## 3.1　输出技术概述

沉浸感是虚拟现实的一大突出特征，而虚拟现实输出技术及相关设备对于为用户营造沉浸感至关重要。

传统的输出设备虽然能够将信息直观地传递给用户，但存在用户体验不逼真的问题，用户可以明显地区分出真实世界和虚拟世界。例如，大多数传统显示器只为用户提供二维画面，而耳机很难让用户感知声音的来源。

虚拟现实输出技术的目标在于全面提升虚拟系统的沉浸感，弥补传统输出设备的不足。虚拟现实输出技术的特点在于可以从视觉、听觉和触觉带给用户全方位的现场感，真正做到身临其境的感受。

视觉是人感知世界最重要的来源，70% 以上的外界信息经视觉获得，如图 3-1 所示。视觉输出技术主要包括显示技术和光学技术。

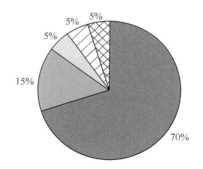

图注：▨ 视觉　▨ 听觉　▨ 触觉　▨ 嗅觉　▨ 味觉

**图 3-1　人类感知信息来源**

显示技术负责将虚拟现实环境中的内容通过计算机图形学和计算机视觉的方法转化为三维全景的图像。光学技术负责根据人眼的光学特性，将虚拟现实的三维全景图像通过光学系统透射到人眼中。

虚拟现实的视觉输出技术还需要尽量减轻眩晕感，提升用户使用虚拟现实的舒适程度。

在听觉方面，虚拟现实系统的声音技术需要全方位地采集声音，并向用户回放具备位置和临场感的360°声音，进一步增强使用者在虚拟环境中的沉浸感和交互性。

在触觉方面，触觉反馈技术负责再现虚拟环境中的力度、重量和纹理等信息，让用户身体通过在虚拟现实环境交互后，能够产生真实的触觉反馈感觉。

虚拟现实系统正是通过在视觉、听觉和触觉等输出技术领域的不断创新，大大增强了沉浸感和对用户的吸引力。

## 3.2　视觉输出技术

### 3.2.1　显示技术

#### 3.2.1.1　技术需求

在虚拟现实系统中，显示技术负责虚拟现实环境中的内容转化为三维／全景的图像并呈现给用户，其中主要涉及到如下技术需求。

（1）视觉感知

虚拟现实系统最终输出的图像是由用户通过眼睛观察到的，虚拟现实系统必须了解人眼视觉的基本工作原理，了解影响人眼视觉感知关键因素并根据这些因素进行相关系统设计。

（2）视景生成

在了解用户视觉感知关键因素的基础上，虚拟现实系统可根据计算机图形学或者计算机视觉的方法对真实世界中的对象进行描述，并根据描述信息在系统中绘制生成具有真实感的物体，包括颜色、光照和纹理等特征。

（3）立体显示

在生成用户视景的基础上，需要在虚拟现实系统中模拟真实世界的观察感受。用户在真实世界中看到的所有景物都是三维立体的，因此虚拟现实系统需要通过立体显示技术，让用户清晰地感受到不同物体的景深信息，获得和真实世界高度相似的观察感受。

### 3.2.1.2　视觉感知

影响用户视觉感知的关键因素包括视域、视角、视场角、亮度和对比度。

（1）视域

视域（Visual Field）又称为视场，是指能够被眼睛看到的区域角度。人眼单眼的水平视场范围可达 156°，双眼的水平视场范围最大可达 190°，垂直视场范围约为 120°。双目重叠区域即两眼同时都能看到的区域的视场范围约为 120°。

（2）视角

视角（Visual Angle），是指观察物体时，从物体两端（上下或左右）引出的光线在人眼光心处所成的夹角，如图 3-2 所示。物体的尺寸越小，离观察者越远，则视角越小。

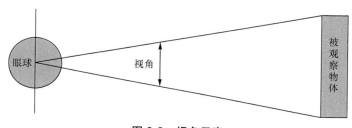

**图 3-2　视角示意**

为了达到较好的显示效果，在正常光照条件下，被观察物体的视角不应该小于 15°；在较低的光照条件下，被观察物体的视角不应该小于 21°。

（3）视场角

和视角不同，视场角（Field of View）并不是从人眼直接观察物体的角度提出的概念，而是虚拟现实显示设备的一个关键参数。视场角是指显示器边缘与观察点（眼睛）连线的夹角，如图 3-3 所示。视场角可分为水平视场角和垂直视场角。

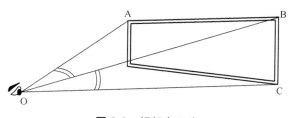

**图 3-3　视场角示意**

（4）亮度

亮度是指被观察物体表面反光强弱的物理量，是决定视觉感知效果的重要因素。

人眼对亮度的感知和实际的客观亮度之间并非完全相同，而是有一定的对应关系。人眼能够感觉的亮度范围依赖于瞳孔和光敏细胞的调节。根据外界光的强弱调节瞳孔大小，使射到视网膜上的光通量尽可能适中。

在不同的亮度环境下，人眼对于同一实际亮度所产生的相对亮度感觉是不相同的。例如对同一电灯，在白天和黑夜它对人眼产生的相对亮度感觉是不相同的。人眼感知的亮度与光强成指数关系，而物理学定义的亮度与光强成正比。

同时，人眼对于亮度的主观感受不仅和反射光线的物理强度有关，也取决于被观察对象和所处背景环境的对比。

（5）对比度

对比度是指一幅图像中明暗区域最亮的白和最暗的黑之间不同亮度层级的比例测量，差异范围越大代表对比度越大。对于液晶显示屏等虚拟现实显示器件，对比度实际上就是亮度的比值，即显示白色画面（最亮时）的亮度除以显示黑色画面（最暗时）的亮度，一般要求在 1000:1 以上。

对比度对视觉效果的影响非常关键，一般来说对比度越大，图像越清晰醒目，色彩越鲜明艳丽；对比度小，则会让整个画面不够清晰艳丽。高对比度对于图像的清晰度、细节表现、灰度层次表现都有很大帮助，如图 3-4 所示。

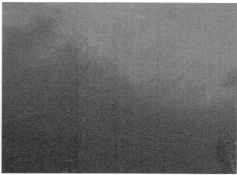

图 3-4　同一图片的不同对比度

### 3.2.1.3　视景生成

在虚拟现实系统中，视景生成包括基于计算机图形学和计算机视觉两种方法。

计算机图形学和计算机视觉可以理解为相同过程的两个方向。计算机图形学负责将抽象的语义信息转化成图像，计算机视觉则从图像中提取抽象的语义信息。

同时，虚拟现实系统普遍使用图形加速技术提升图像生成和渲染的效率。

（1）基于计算机图形学的视景生成

基于计算机图形学的虚拟现实视景生成主要包括三维环境开发和视景绘制。

三维环境开发的主要目标是利用计算机技术构建各种各样的基本模型，再将它们在相应的三维虚拟世界中重构，并根据系统需求保存部分物理属性，最终获得一个能够表现出真实世界的虚拟现实系统。相关详细内容将在第 4 章介绍。

视景绘制的主要步骤包括：首先将三维物体转换为二维视图；然后确定视图中所有可见面，根据隐藏面消除算法将用户视域之外或被其他物遮挡的不可见面消去；最后根据光照模型计算可见面投射到用户眼中的光亮度大小和色彩，并将它转换成适合显示设备的颜色值，从而确定投影视图上每一像素的颜色，生成最终图像。

其中涉及的关键技术包括消隐技术、LOD（Level of Details，细节层次）技术、纹理映射、景深模拟、光照模型等。

- 消隐技术

在将三维的物体绘制为二维的视图时，需要把三维物体进行投影变换。由于投影变换会丢失三维物体的深度信息，为保证被绘制图形的准确性和唯一性，必须在绘制二维图形时，隐藏或标识实际不可见的线或面。消隐就是运用算法把虚拟现实环境中物体上看不见的线或者面从画面中消去或者用虚线画出。

通常根据消隐对象的不同，消隐可分为两类：消除隐藏线和消除隐藏面。

消除隐藏线是指对于采用物体的棱线或轮廓线表示的线框图形，应消去物体本身看不见的棱线和轮廓线部分，以及因物体间的互相遮挡而被隐藏的棱线和轮廓线。

消除隐藏面是指对于采用光栅扫描着色方法（即采用物体表面不同的明暗度）绘制的图形，应消除物体上看不见的面以及因物体间的互相遮挡而被隐藏的面。

在具体实现算法上，计算机图形学相关研究学者已提出多种算法，可以按照消隐的工作空间进行分类，将消隐算法分为两大类：物体空间消隐算法和图像空间消隐算法[1]。

物体空间消隐算法通常适用于消除隐藏线。其原理是假设当前场景中一共有 $K$ 个物体，则以场景中的物体为处理单元，将一个物体与其余的 $K$-1 个物体逐一比较，仅显示它可见的表面以达到消隐的目的。

图像空间消隐算法通常适用于消除隐藏面。对于场景内的每个像素，确定由投影点与像素连线穿过的距离观察点最近的物体，然后用适当的颜色绘制该像素。

如上可以看到，对于消隐算法经常需要遍历场景中的多个物体或者多个像素，如果场景较复杂，整体计算量就会过大。因此，需要提升消隐算法的效率。提高消隐算法效率的常用方法包括相关性方法、包围盒方法和背面剔除方法等。

相关性方法主要利用物体相关性、面的相关性或者区域相关性减少运算量。例如对于物体相关性，若物体 A 与物体 B 是完全相互分离的，消隐时只需比较 A、B 两物体之间的遮挡关系，而不需对其表面多边形逐一进行测试。

包围盒方法可用于对物体间的包围关系进行比较和测试，从而避免盲目的对有包围关系的物体进行求交运算，减少计算量，提高效率。

背面剔除方法用于识别物体的背面，将背面剔除出当前计算。具体识别方法如下：当一个多面体的表面由若干个平面多边形构成，若一个多边形表面的外法线方向与投影方向（观察方向）的夹角为钝角，则该面为前向面；若其夹角为锐角，则为后向面或背面。

- LOD 技术

虚拟现实环境中通常包含有大量可见面，为了加快当前场景绘制的速度和效率，需要考虑对场景进行简化。如果场景中许多可见面在屏幕上的投影小于一个像素，就可以合并这些可见面而不损失画面的视觉效果。LOD 技术就是顺应这一要求而发展起来的一种快速绘制技术[2]。

LOD 最初是为简化采样密集的多面体网格物体的数据结构而设计的一种算法。由于稠密的采样点为三维景物数据的存储、传输及绘制带来极大的困难，所以，许多研究者试图通过顶点合并方法将这种复杂多面体网格进行简化。这就是 LOD 的雏形。

LOD 技术在不影响画面视觉效果的前提条件下，通过逐次简化景物的表面细节来减少场景的几何复杂性，从而提高绘制算法的效率。该技术通常对每一原始多面体模型建立几个不同逼近精度的几何模型。与原模型相比，每个模型均保留一定层次的细节。

当从近处观察物体时，我们采用精细模型；当从远处观察物体时则采用较为粗糙的模型。同时，在两个相邻层次模型之间形成光滑的视觉过渡，即几何形状过渡，避免视点连续变化时两个不同层次的模型间产生明显的跳跃。

这样计算机在生成场景时，根据该物体所在位置与视点间的远近关系不同，分别使用不同精细程度的模型，避免不必要的计算，既能节约时间又不会降低场景的逼真度，使计算效率大大提高。可见，LOD 的研究主要集中在建立不同层次细节的模型和相邻层次多边形网格之间的形状过渡两方面。

典型的 LOD 算法包括多面体简化算法、顶点删除算法、渐进网格的简化算法、基于二次误差度量的几何简化算法和基于局部参数化的多分辨率模型技术等。

这里简单介绍顶点删除算法。LOD 技术的目标是减少描述复杂景物的多边形数目，设法减少景物表面的采样点数也可以达到这一目的，这就是顶点删除技术的思想起源。

假设景物表面已离散为一系列三角形，顶点删除算法一般都具有以下两步：第一步，从原始模型的顶点集中删除一些不重要的顶点，同时从其面片集中删除与这些顶点相连的所有面片；第二步，对顶点删除留下的空洞进行局部三角剖分。由于局部三角剖分产生的三角形数目少于删除掉的三角片数目，因而新模型的几何复杂性比原模型低。目前已有多种这类算法，它们的局部三角剖分方法非常相似，不同点主要在于顶点删除和误差控制方法不同。

- 纹理映射

纹理映射是在虚拟现实系统中呈现具有真实感图像的一个重要部分，是绘制复杂场景真实感图形最为常用的技术之一。纹理映射的经典定义是对三维的物体进行二维参数化，即先求得三维物体表面上任一点的二维参数值，进而得到该点的纹理值，最终形成三维图形表面上的纹理图案[3]。

纹理描绘了物体的细节信息，如图 3-5 所示，物体表面的纹理主要包括如下细节：表面颜色，即表面的漫反射率；镜面反射分量，即表面的镜面反射率；物体透明度；表面法向；环境的漫反射和镜面反射效果；光源强度和色彩分布。

图 3-5　纹理示例

根据纹理定义域的不同，可分为二维纹理和三维纹理。基于纹理的表现形式，又可分为颜色纹理、几何纹理和过程纹理三大类。

简单地说，纹理映射的实际做法就是进行纹理贴图，即用图像、函数或者其他数据改变物体表面的外观。

在实际软件开发中，开发者大多使用 OpenGL（Open Graphics Library）[4] 实现纹理映射的过程。OpenGL 是一个跨编程语言、跨平台的编程接口规格的专业图形程序接口，是行业领域中最为广泛接纳的 2D/3D 图形 API，受到各操作系统和软件平台的广泛支持。

纹理映射技术被 OpenGL 很好地支持。在 OpenGL 中，纹理映射的步骤包括：创建纹理对象，并为它指定一个纹理；确定纹理如何应用到每个像素上；启用纹理贴图过程；绘制场景，提供纹理坐标和几何图形坐标，进行渲染。

- 景深模拟

景深是人眼及透镜系统成像的重要特征。人眼对于现实世界成像时，自动调节焦距以适应不同的取景距离，眼睛注视的物体便清晰地成像于视网膜上，而处于聚焦平面之外的物体，成像便模糊不清。照相机等透镜成像系统具有类似的原理，只有聚焦面的物体清晰成像，如图 3-6 所示。

图 3-6　景深效果示意

在虚拟现实系统中，如果没有引入景深效果，整个虚拟场景都是清晰的。这样带来两个问题：第一，使得虚拟世界不够逼真，和人的自然感受不相符；第二，人眼的注意力分布于整个场景，眼球长期处于紧张状态，引起眼睛疲劳。因此，在虚拟现实系统中，模拟景深效果将大大增加用户的沉浸感并缓解疲劳[5]。

景深效果的模拟算法主要有后处理滤波和多次渲染等。

后处理滤波采用标准的针孔相机作为成像模型，输出每个像素的深度值，并根据这个深度值结合光圈、焦距等参数将每个采样点转换为不同大小，按强度分布的模糊圈，最后输出的图像由覆盖它的所有模糊圈的加权平均值确定。

多次渲染指每生成一帧场景时，对场景渲染多次，渲染时投影中心围绕一点做轻微的偏移，但是保持某一公共面为聚焦平面。将每次渲染的结果累计缓存，最后结果就是具有景深效果的图像。

在实际开发中，普遍使用可编程 GPU 模拟景深。首先，在生成清晰的场景纹理时，结合物体和聚焦平面之间的距离、透镜的光学参数对物体上该点的模糊程度进行计算，计算结果归一化后保存为插值系数；然后对清晰的场景纹理进行均值滤波处理生成模糊的场景纹理；最后将两副场景的纹理进行融合生成具有景深效果的图像。

- 光照模型

为了使虚拟现实环境中的物体具有更好的真实感，虚拟物体的光照情况应该和真实环境中的光照情况尽可能保持一致，对光照模型的研究正是基于这个需求。

光照模型是根据物体材料表面和光源特性，依据光学物理的有关定律，计算物体表面上任何一点投向观察者眼中的光亮度大小和色彩组成。光照模型定义了光源特性、光强在照射表面的几何分布和表面对光照的反射特性等[6]。

光源特性主要包括光的色彩、光的强度和光的方向。光的色彩可通过红（R）、绿（G）和蓝（B）三色按不同比例组合而表示。光的强度可按不同颜色光强的加权累计而确定。光的方向可分为点光源、分布式光源和漫射光源三类。

物体表面对光照的反射特性包括反射系数、透射系数和表面方向。反射系数由物体表面的材料和形状确定，可分为漫反射系数和镜面反射系数。透射系数反映物体的透射光学能力，取值在 0 ～ 1 区间，当取值为 0 时代表物体完全不透明。物体的表面方向用表面的法线表示。

当光线照射到物体表面，只有反射光和透射光能形成视觉效果，如果只考虑光源和物体被照表面的朝向，则可以简化为简单光照模型。简单光照模型主要考虑环境光的反射、理想漫反射和镜面反射。其代表是 Phong 模型，如图 3-7 所示。

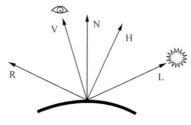

图 3-7　Phong 简单光照模型

如果从整体考虑，场景中其他物体反射或投射来的光以及折射光，对另一物体而言则是光源。为增强图形真实感，精确模拟光照效果，应考虑 4 种情况，即镜面反射到镜面反射、镜面反射到漫反射、漫反射到镜面反射、漫反射到漫反射。对于透射，分为漫透射与规则透射。这种考虑整个环境总体光照效果和各种景物之间互相映照或透射的情形，称为整体光照模型。

（2）基于计算机视觉的视景生成

基于计算机视觉的视景生成的核心是基于图像的绘制（Image-based Rendering，IBR）技术。该技术近年来发展非常迅速，广泛应用于实景地图导航、虚拟参观等虚拟现实漫游系统，如图 3-8 所示。

图 3-8　百度的实景地图

和传统的基于图形模型的绘制技术相比，基于图像的绘制直接从拍摄的图像合成新视点的视图，具有如下优点：绘制独立于场景复杂性，仅与所要生成画面的分辨率有关；图像绘制的处理速度更快，生成的景物真实自然[7]。

基于图像的绘制技术可分成无几何信息的绘制和基于部分几何信息的绘制两类。

无几何信息的绘制方法主要基于全光函数，场景内的所有光线构成一个全光函数。基于此，基于图像的绘制技术可以归结为以离散的样本图重构连续的全光函数的过程，即采样、重建和重采样的过程。

基于部分几何信息的绘制同时采用几何及图像作为基本元素绘制画面的技术。根据一定的标准，动态地将部分场景简化为映射到简单几何体上的纹理图像，若简化引起的误差小于给定阈值，就直接利用纹理图像取代原场景几何绘制画面。这种绘制技术可以在一定误差条件下，以较小的代价来快速生成场景画面，同时仍保持正确的前后排序，所生成的图形质量很高。

具体绘制过程主要包括以下三部分：原始图像采集、图像处理和图像合成。原始图像采集是指通过相机获得虚拟现实环境的原始真实素材；图像处理是通过算法对原始图像进行建模和视图变换；图像合成是指将多幅图像拼接为一个场景。

其中，全景视频的拍摄、处理和合成过程将在第 4 章介绍。

（3）图形加速

对虚拟现实应用而言，所需处理的场景复杂度越高，每秒钟所需处理的多边形数量越多，因此，图形加速技术显得尤为重要。

目前包括虚拟现实系统在内的计算机及智能终端均通过图形加速卡实现硬件图形加速，减轻 CPU 的处理负荷，提升图形加速的性能。

图形加速卡（Graphics Processing Unit），又称为显卡，一般由具备独立的处理器和相应软件构成，专门为图形图像显示而进行优化。图形加速卡能够快速地进行图形计算，大大提升了消隐、LGD、纹理映射和光照模型等图形绘制的效率。

图形加速卡具备常用图形图像和视频格式的展示和渲染能力，如照片渲染、视频流解压等，大大减轻主 CPU 的运算负担。有了图形加速卡，CPU 就从图形处理的任务中解放出来，可以执行其他更多的系统任务，这样可以大大提高虚拟现实系统的整体性能。

### 3.2.1.4　立体显示

人类的双眼是横向并排，之间有 6 ～ 7 cm 的间隔，因此左眼所看到的影像与右眼所看到的影像会有一定的差异，这个差异被称为视差。

人眼利用这种视差，判断物体的远近，产生深度感，由此获得环境的三维信息，大脑会解读双眼的视差并产生立体视觉，如图 3-9 所示。

由于立体视觉基于视差而来，因此立体显示的基础，就是要以人工方式重现视差，简单说就是想办法让左右两眼分别看到不同的影像，以模拟出立体视觉。

立体视觉的显示技术主要分为裸眼立体成像和基于眼镜立体成像两类，在目前虚拟现实系统中，主要通过眼镜获得立体视觉的显示效果。基于眼镜的立体成像包括主动式和被动式两类技术。其中被动式立体眼镜成像技术主要包括色差式和偏振光两类；主动式立体眼镜成像技术包括主动快门式和左右分屏立体成像。

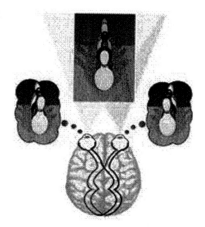

图 3-9　立体视觉原理示意

（1）色差式立体成像技术

色差式立体成像技术又称为分色立体成像技术，是用两台不同视角拍摄的影像分别以两种不同的颜色印制在同一幅画面中。用肉眼观看会呈现模糊的重影图像，只有通过对应的红蓝等立体眼镜才可以看到立体效果，也就是对色彩进行红色和蓝色的过滤，红色的影像通过红色镜片，蓝色通过蓝色镜片，两只眼睛看到的不同影像在大脑中重叠呈现出 3D 立体效果。

（2）偏振光立体成像技术

偏振光立体成像技术主要包括拍摄、放映和观看三个环节。采用左右两个相机进行拍摄，形成两组影像。在放映时将左边镜头的影像经过一个横偏振片过滤，得到横偏振光，右边镜头的影像经过一个纵偏振片过滤，得到纵偏振光，将略有差别的两幅图像重叠在银幕上。在观看环节，立体眼镜的左眼和右眼分别装上横偏振片和纵偏振片，横偏振光只能通过横偏振片，纵偏振光只能通过纵偏振片。这样就保证了左边相机拍摄的东西只能进入左眼，右边相机拍摄到的东西只能进入右眼，形成立体成像。

（3）主动快门式立体成像技术

主动快门式立体成像技术又称为时分式立体成像技术。该技术通过对左右镜片分别进行开关控制，让左右眼分别看到左右各自的画面。例如在放映左画面时，左眼镜打开右眼镜关闭，观众左眼看到左画面，右眼什么都看不到（眼镜片处于黑屏状态）。为保证显示效果，该技术要求画面刷新率较高（至少要达到 120Hz，左眼和右眼各 60Hz）。观众的两只眼睛看到快速切换的不同画面，并且在大脑中产生错觉，便观看到立体影像。

（4）左右分屏立体成像技术

左右分屏立体成像技术运作的原理比较简单。该技术需要为左右眼形成两路独立的画面，然后在眼镜中为左右眼分别配置的两组小型显示器来单独显示左右眼画面，以达到立体显示的效果，如图3-10所示。目前该技术广泛应用于虚拟现实头戴式显示器。

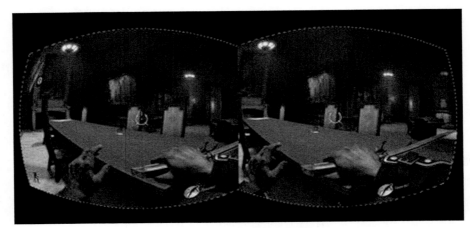

**图 3-10　左右分屏立体成像示意**

## 3.2.2　光学技术

### 3.2.2.1　光学系统关键设计指标

光学技术在虚拟现实系统中主要应用在头盔等头戴显示设备中，其主要功能是将显示设备输出的图像投射给用户。

光学系统的设计与人眼特性密切相关，一个有效的虚拟现实设备要求图像特性与人眼观察到的图像相匹配。

一个典型人眼结构主要由泪膜、角膜、前房、虹膜、睫状体、晶状体、玻璃体、视网膜、脉络膜、黄斑、盲点、巩膜等构成，如图3-11所示。这些结构和光传输的特点决定了虚拟现实设备中光学系统的关键设计指标[8]。

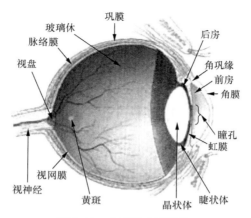

图 3-11　典型的人眼结构

（1）出瞳直径

出瞳直径是指光线经过显示设备的光学透镜汇聚后，在透镜后形成的亮斑直径。虹膜中央的瞳孔能限制进入人眼光能量的大小，会根据周围环境光线的强弱调整瞳孔大小。瞳孔的直径影响头戴式显示器光学系统的出瞳直径。

研究表明，常用的 LCD 显示屏亮度在 200~500cd/m²，此时瞳孔直径通常在 2.32 ～ 3.04mm。人眼在直视状态下只能看清视轴约 20°范围内的景物，人眼会利用眼球的转动看清楚周围视场内的景物。因此，头戴式显示器光学系统的出瞳直径要比一般目视光学系统大一些，但是出瞳直径更大会造成头戴式显示器系统重量迅速增加。综合考虑系统重量、视场大小等因素，沉浸式虚拟现实头戴式显示器的出瞳直径至少要大于 7mm，最好不小于 10mm。

（2）出瞳距离

瞳孔的位置影响头戴式显示器光学系统设计中出瞳距离的选择。出瞳距离指光学系统最前端光学表面沿光轴到人眼瞳孔的距离，在实际设计中特指头戴式显示器系统距离瞳孔中心的最近距离。人眼的瞳孔在眼睛内部约 3.6mm 处，为适合使用者佩戴，需要考虑睫毛和眼睑所占的空间。对于正常视力的佩戴者，一般头戴式显示器光学系统的出瞳距离至少要大于 12mm。

（3）视场角

头戴式显示器光学系统的视场角大小是衡量头戴式显示器性能的一个重要指标，很大程度上决定着观察者沉浸式体验的效果。大视场角的头戴式显示器可以让观察者沉浸于虚拟环境，而小视场角头戴式显示器只是观看一定距离处屏幕的感觉。为了更接近人眼的视场范围，头戴式显示器的单目水平视场角最好要大于100°，双目水平视场角不小于120°，垂直视场角至少要大于70°。

但视场角和显示屏幕的分辨率也有密切关系，如果显示屏的分辨率过低但视场角过大，则会造成图像颗粒感明显。

（4）瞳距

对于双目头戴式显示器，要保证人眼的瞳孔在头戴式显示器光学系统的出瞳距离内，就必须设置合理的瞳距。瞳距是指双眼瞳孔中心的水平距离，不同人的瞳距有一定差别，一般人眼瞳距为55～71mm。为了使头戴式显示器满足更多人的使用需求，必须利用机械装置将瞳距设置为可调节。

（5）畸变

光学系统中的畸变为主光线像差，是主光线与高斯像面的实际交点高度和理想像高之间的差异。研究表明，畸变与视场是三次方关系，视场越大，光学系统畸变越严重，而校正畸变会使系统变得复杂。

高性能的部分双目重叠的头戴式显示器光学系统畸变校正通常由两部分组成，一部分是光学系统设计时的畸变校正，另一部分是电子学畸变校正，即使用预处理的方法给图像加入一定的反畸变。

然而，在给图像加入反畸变的过程中会降低图像的分辨率，所以电子学校正的畸变量应该尽量小。在尽可能保证图像分辨率的前提下，综合考虑光学系统的复杂性，对于视场在100°左右的部分双目重叠单目光学系统光学畸变设计值应该在10%以内，剩余畸变由电子学校正。

（6）MTF

MTF（Modulation Transfer Function，调制传递函数）表示光学系统对物体各种频率成分的传递能力，从整体上衡量镜头的光学分辨率和反差性能，但镜头的畸变、抗眩光性能、近摄能力等并不是MTF所能体现的。

对于目视光学系统，一般要求在奈奎斯特频率下MTF设计值至少大于0.1，加入系统公差后MTF至少大于0.03，而且MTF曲线下所包含的面积越大越好。

（7）光学系统重量

由于要固定在头部，所以头戴式显示器对重量的要求比较苛刻，只有尽可能地减轻头戴式显示器的重量才能让使用者更加方便地佩戴。然而，光学系统重量却和很多光学指标密切相关，一味地减轻重量会牺牲很多光学性能。

头戴式显示器需要在性能和用户佩戴舒适度之间取得平衡，目前主流头戴式显示器的重量都在 600 g 以内，例如 Oculus Rift DK2 的重量为 453 g。

虚拟现实光学系统的主要设计指标及其参考值就是由上述因素构成，见表 3-1。

表 3-1　虚拟现实光学系统的主要设计指标及其参考值

| 设计指标 | 人眼特性 | 光学特性 | 参考值 |
|---|---|---|---|
| 出瞳直径 | 瞳孔大小调节进入人眼的光能量 | - | $7 \sim 10$mm |
| 出瞳距离 | 瞳孔位于眼睛内部约 3.6mm 处 | - | 大于 12mm |
| 视场 | 单眼的水平视场范围为 150°；双眼的水平视场范围约为 180°；垂直视场范围约为 120° | - | 单目水平视场角 >100°；双目水平视场角 >120°；垂直视场角 >70° |
| 瞳距 | 双眼瞳孔中心的水平距离为 $55 \sim 71$mm | - | 机械装置使瞳距可调节 |
| 畸变 | - | 像差 | 光学畸变 <10% |
| MTF | - | 像差和衍射导致像面的对比度下降 | 奈奎斯特频率下 MTF 设计值 >0.1；加入系统公差后 MTF>0.03 |
| 重量 | - | - | <600 g |

## 3.2.2.2　光学系统的结构设计

虚拟现实典型的光学系统设计可分为传统同轴目镜结构、离轴中继目镜结构、自由曲面棱镜结构和全息光波导结构等。

在目前的虚拟现实商用终端产品中，考虑到经济性、重量和光学性能的平衡，大多使用单片式传统同轴目镜结构，如图 3-12 所示。最简单的做法就是用两枚凸透镜，将左右分屏显示的画面分别传递给双眼。

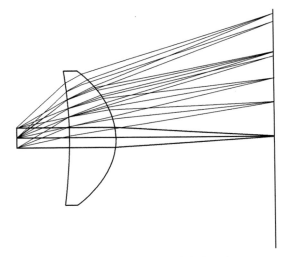

图 3-12　传统同轴目镜光路示意

　　虽然单片式目镜结构光学方案较简单，但为了给用户带来更优的虚拟现实体验，还需要注意在焦距、瞳距调节、相差优化等方面下足功夫，其中涉及的色差和畸变问题，还需要通过虚拟现实软件进行算法矫正。

　　为了进一步减轻头戴显示设备的整体重量，目前市场上部分产品选择菲涅尔透镜（Fresnel lens）实现光学系统。

　　菲涅尔透镜又名螺纹透镜，多是由聚烯烃材料注压而成的薄片，也有玻璃制作的，镜片表面一面为光面，另一面刻录了由小到大的同心圆，它的纹理是根据光的干涉及扰射以及相对灵敏度和接收角度要求设计的。

　　菲涅尔透镜工作原理十分简单，假设一个透镜的折射能量仅仅发生在光学表面（如透镜表面），则拿掉尽可能多的光学材料，保留表面的弯曲度。另外一种理解就是，透镜连续表面部分"坍陷"到一个平面上。

　　从剖面看，其表面由一系列锯齿型凹槽组成，中心部分是椭圆型弧线。每个凹槽都与相邻凹槽之间角度不同，但都将光线集中一处，形成中心焦点，也就是透镜的焦点。每个凹槽都可以看作一个独立的小透镜，把光线调整成平行光或聚光。这种透镜还能够消除部分球形像差，如图 3-13 所示。

　　菲涅尔透镜具有重量轻的优点，但其成像质量和清晰度要差于传统透镜。

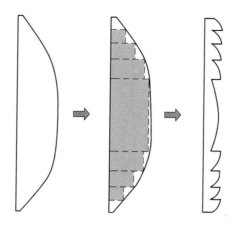

图 3-13　菲涅尔透镜成像原理

### 3.2.3　减轻眩晕

　　部分虚拟现实用户在使用虚拟现实设备一定时间后，会产生眩晕感，甚至恶心，其主要原因在于人耳朵的前庭系统所感受到的运动状态和人眼睛看到的运动状态不一致。例如，在虚拟现实游戏中，用户正在快速奔跑，而此时用户实际的运动状态却是戴着虚拟现实头盔静坐在椅子上。

　　眩晕感已成为影响虚拟现实用户体验的最大障碍，业界均在努力解决这个问题。

　　Oculus 的开发者博客对虚拟现实中眩晕问题的产生原因和解决方法给出建议 [9]，对其中的问题区分为开发者可以解决的和难以解决的两类。其中可以解决的问题包括如下方面。

　　（1）错误的相机校准和畸变校正

　　虚拟现实终端光学透镜会导致图像发生畸变。传统的思路是从镜片着手，采用昂贵的非球面镜片尽量减小图像的畸变。

　　另外一种方法是采用逆向思维，在图像渲染时直接进行逆向畸变，然后通过透镜抵消这一畸变。这样做的挑战在于需要精确地计算逆向畸变的参数值。如果数值不准确，用户通过透镜看到的图像依旧会带有畸变。

终端厂商目前通过 SDK 支持逆向畸变算法，让开发者可以较轻松地实现该功能。

（2）代码编写不符合虚拟现实规则

部分虚拟现实应用不注重对虚拟现实环境中物理规则的遵循，不注重用户体验的细节，比如随意改变头部和视野朝向，随意改变视场角，粗暴转换当前视野和场景等等。这些问题都可以通过优化应用逻辑和代码质量来解决。

（3）错误的瞳距参数

虚拟现实终端将图像分为左右两屏，分别模拟人的左右两眼所看到的图像，通过双眼视差合成一幅图像。除了细微的差异，这两个图像基本相似。差异的大小取决于人的瞳距，而不同人的瞳距是不同的，所以渲染虚拟现实图形时，需要校正用户的实际瞳距。如果瞳距参数设置得不合适，用户就无法聚焦，从而产生眩晕感。

（4）高延迟

延迟是指用户从产生输入（如头部转动）到用户看到图像变化之间的时间差，如果延迟足够大，就会在用户所感知的行动和实际所见之间产生错位，造成眩晕。目前虚拟现实终端厂商均在通过技术优化降低延迟，典型的技术是 ATW（Asynchronous Time Warp，异步时间扭曲）。

虚拟现实应用为了降低延迟，需要保持高帧速的显卡输入，但目前显卡的性能有限，很难长时间维持 60fps 以上的高帧速，ATW 技术就是为了解决这个问题。

ATW 是一种生成中间帧的技术，当游戏不能保持足够帧率时，ATW 能产生中间帧用来减轻帧率的抖动[10]。

ATW 其实是根据一帧已经渲染完成但还未在屏幕上显示的图像，生成一个和当前用户头部位置匹配的中间帧，用以弥补头部运动所造成的画面延迟。在虚拟现实系统中，ATW 线程和渲染线程异步工作。ATW 线程总是根据渲染线程的最后一帧生成一个新的帧，并保持恒定的输出帧率。

ATW 的局限性在于，它要依赖于显卡所渲染好的那一帧图像，因为中间帧的调整是发生在这一帧的渲染完成之后，如果此刻计算机正在运行另外一个进程，显示器所显示的画面可能会更加延迟。

部分和眩晕有关的问题，近期内还难以完全解决，包括虚拟现实场景缺乏深度景深效果，用户实际的全身运动状态和虚拟现实环境中的运动状态不一致等。业界已经开始关注并解决这些问题，积极研发能够模拟景深效果的虚拟现实系统解决用户的视觉疲劳；尝试为虚拟现实终端配置运动外设，让用户可以在虚拟世界中获得完全真实的运动感受。

## 3.3　声音技术

声音是仅次于视觉信息的第二传感通道，是虚拟现实环境中的一个重要组成部分。给系统中加入虚拟现实声音，既可以增强使用者在虚拟环境中的沉浸感和交互性，又可以减少大脑对于视觉的依赖性，降低沉浸感对视觉信息的要求，从而使用户能从既有视觉感受又有听觉感受的环境中获得更多的信息。

### 3.3.1　虚拟现实声音技术需求

在虚拟环境中能听到声音并不困难，许多简单的系统如计算机游戏都能提供声音反馈功能，但虚拟声音与我们熟悉的立体声音完全不同。当用户听到立体声录音时，虽然有左右声道之分，但只能辨别对方是在左边、右边还是前边。但我们希望的是一个在虚拟环境中能辨别声源精确位置的声音系统，当用户听到虚拟声音时，可以辨别音乐声是来自一个球形中的哪个地方，即声音是出现在头的上方、后方或者前方。如战场模拟训练系统中，当听到对手射击的枪声时，就能像在现实世界中一样准确而且迅速地判断出对手的位置，如果对方在我们身后，听到的枪声就应是从后面发出的，如图 3-14 所示。

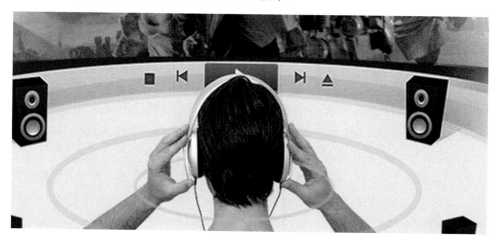

图 3-14　虚拟现实声音示意

为了实现可以听声辨位、身临其境的沉浸式体验，虚拟现实声音技术需要能够产生 360°的空间声场。通过一系列的录音技术、回放技术以形成全景声音方案。下面从采集和回放方面分别介绍虚拟现实中的声音技术。

## 3.3.2　声音采集

目前主流的虚拟现实声音采集方案，主要分为双耳录音（Binaural recording）和数字化模拟的 3D 音频技术。

双耳录音或者称之为人头录音，主要利用头相关传输函数（Head Related Transfer Function, HRTF）原理，通过仿真或真实人头方式录制真实声场的音频。简单而言，就是将两个微型全指向性话筒安置在一个与真人头几乎一模一样的假人头的耳道内（接近人耳鼓膜的位置），模拟人耳听到声音的整个过程。这种声场的采集方式比较自然，但不够自由，主要应用在影视以及音乐制作中。

数字化模拟的 3D 音频技术则是基于数字化技术模拟 HRTF，也就是通过多个方向的麦克风采集声场信息，进行声场还原，再通过数字 HRTF 技术进行模拟，从而达到全景的回放。例如诺基亚推出虚拟现实相机 Nokia OZO，使用按照等边多边形方式摆放的 8 个声音传感器收集数据，然后通过声场还原出 360°的声音信息，再通过数字 HRTF 运算加工为人可以感受的 VR 音频。这种解决方案的最大优点在于体积相对较小，拍摄时容易携带；但缺点是方向信息通过模拟产生，与实际声场有较大区别。Oculus Rift 和很多游戏中采用的就是数字 HRTF。

## 3.3.3　声音回放

虚拟现实声音回放技术可以分为双耳回放和多通道回放两种方式，前者属于传统意义上的虚拟音频技术，后者源于多通道的 3D 空间音频技术。

双耳回放的主要设备是立体声耳机，音频来源主要有两种：一种是将 HRTF 双耳录音的音频，利用耳机回放出来，这一过程中尽可能真实地模拟人耳听到声音，还原出 360°的声场效果，称为物理 HRTF；另一种数字 HRTF 则是通过数字化 HRTF 的算法，将普通的多声道或者多对象音频处理成虚拟的双耳音频，然后通过耳机回放出来。

另一种回放技术为 3D 声场重建技术，可分为基于物理声场重建的多声道音频技术和基于感知的声音场景重建的多声道音频技术两大类。物理声场重建技术的重要代表是基于球谐分解的声重放技术（Ambisonics）和波场合成技术（Wave Field Synthesis, WFS），基于感知的声音场景重建技术主要包括幅度平移技术（Amplitude Panning，AP）和基于头相关传输函数的双耳重建技术（HRTF），代表性的是基于多声道环绕声方式的空间音频重建技术。物理声场重建技术理论上可以达到对声场的精确重建，但需要的采集麦克风以及回放扬声器数目较多，而环绕声重建方式对于空间音频的编码传输和回放较为方便，大多用于全景音频应用。例如杜比全景声（Dolby Atmos），Fraunhofer IIS 推出的 MPEG-H 标准，主要为未来广播电视和流媒体设备而设计，可以实现基于声道或基于对象的沉浸式音频效果。

## 3.4　触觉反馈技术

### 3.4.1　触觉反馈技术的需求

对人类获取信息能力的研究表明，触觉是除视觉和听觉之外最重要的感觉。触觉反馈包括两方面：触觉和力觉。触觉是指人通过皮肤对热、压力、震动、滑动及物体表面的纹理、粗糙度等特性的感知。力觉是指人的肌腱感受器所接收的运动和受力信息，包括对位置、速度、压力、惯性力等的感知[11]。

在本文中为简便起见，把在虚拟现实系统中通过触觉和力觉对用户输入的反馈统称为触觉反馈。

传统上，最简单的触觉反馈设备就是游戏手柄。例如索尼 PS 游戏机的手柄提供震动功能，让用户更真切地感知碰撞、击打、爆炸等游戏效果。

在虚拟现实设备中，触觉反馈的功能可以让用户真正沉浸于虚拟现实体验，但同时也是一个技术难点。

虚拟现实的触觉反馈技术可分为两大类：桌面型触觉反馈技术和可穿戴触觉反馈技术。

桌面型触觉反馈技术通常需要将设备固定在桌面或者地面上，更像一个小型机器人。但桌面型触觉反馈相关设备无法移动且占据一定空间，目前已不是虚拟现实触觉反馈的主流。

可穿戴触觉反馈技术是目前虚拟现实的热点领域，较为典型的可穿戴触觉反馈技术有三类：手指型触觉反馈技术，手臂型触觉反馈技术，全身型触觉反馈技术。

## 3.4.2 手指型触觉反馈技术

手指型触觉反馈技术是出现较早的触觉反馈技术，其代表产品是美国 CyberGlove Systems 公司推出的 CyberGrasp 力反馈手套。该公司最早推出一款名为 CyberGlove 的数据手套，随后在该产品基础上开发出 CyberGrasp 力反馈手套。

CyberGrasp 是一款设计轻巧而且有力反馈功能的装置，像是盔甲一般地附在 CyberGlove 上。使用者可以通过 CyberGrasp 的力反馈系统去触摸电脑内所呈现的三维虚拟影像，感觉就像触碰到真实的东西一样。CyberGrasp 最初是为了美国海军的远程机器人专项合同进行研发的，可以对远处的机械手臂进行控制，并真实地感觉到被触碰的物体。CyberGrasp 力反馈手套产品如图 3-15 所示。

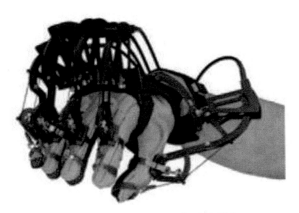

图 3-15　CyberGrasp 力反馈手套

该产品重量很轻，可以作为力反应外骨骼佩戴在 CyberGlove 数据手套（有线型）上使用，能够为每根手指添加阻力反馈。使用 CyberGrasp 力反馈系统，用户能够真实感受到虚拟世界中电脑三维物体的真实尺寸和形状。

接触三维虚拟物体所产生的感应信号会通过 CyberGrasp 特殊的机械装置而产

生了真实的接触力,让使用者的手不会因为穿透虚拟的物件而破坏虚拟现实的真实感,如图 3-16 所示。护套内的感应线路是特别为了细微的压力以及摩擦力而设计的,而 5 根手指上的马达则是采用高质量的 DC 马达。

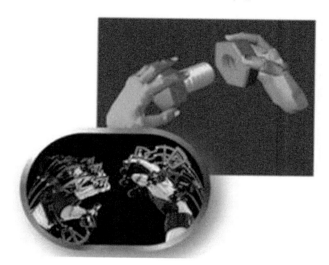

图 3-16    接触虚拟物体可产生真实的接触力

使用者手部用力时,力量会通过外骨骼传导至与指尖相连的肌腱。一共有 5 个驱动器,每根手指一个,分别进行单独设置,可避免使用者手指触摸不到虚拟物体或对虚拟物体造成损坏。

在用力过程中,设备发力始终与手指垂直,而且每根手指的力均可以单独设定。CyberGrasp 系统可以完成整只手的全方位动作,不会影响佩戴者的运动。

### 3.4.3    手臂型触觉反馈技术

UnlimitedHand 是一款可穿戴的虚拟现实臂带控制器,融合了全新的触觉反馈技术,戴在手臂上可实现手臂动作和游戏世界的同步,并实时给用户相应的触觉反馈,如图 3-17 所示。

UnlimitedHand 内置肌肉传感器,三维动作感应器,多通道电子肌肉刺激器(EMS)和振动马达。触觉传感器可以测量手臂移动幅度及力度,然后再根据所得数据构成虚拟世界中相应的手臂动作。

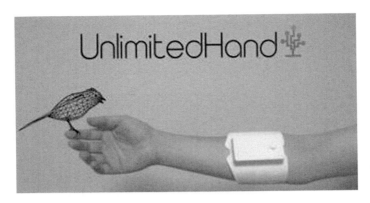

图 3-17 UnlimitedHand 产品示意

　　将其戴在前臂后，通过内置的肌肉感应器以及 3D 动态感应器就能让玩家体验到虚拟世界中的触感，用户便能在虚拟现实世界当中触摸、感觉、抚摸、握持、抓举、推 / 拉、挥拳和操纵物体或游戏人物。

　　因此虚拟世界中的不同物体也可以直接通过触感来分辨，而它还能辨别玩家的各种手势动作，并根据分析给玩家提供准确的触感力度（比如拿起物品时的重量感）。

　　通过动作传感器和 EMS 肌肉传感器，UnlimitedHand 还能直接发出微弱电流刺激手部的肌肉，让玩家的手指和手掌受到虚拟世界的触感和物理效果影响。例如，玩家在虚拟世界中拿起一件东西，这时除了能够感受到重量之外，玩家本人的手也会受电流刺激而不自觉地下沉，如图 3-18 所示。

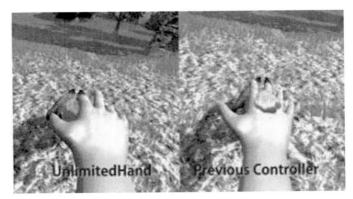

图 3-18 UnlimitedHand 可改善虚拟触觉效果

UnlimitedHand 采取硬件开源，未来会向游戏开发商提供统一的插件。

### 3.4.4　全身型触觉反馈技术

Tesla Suit 是虚拟现实全身触控体验套件，基于电触感技术实现触觉反馈效果。除了头部和脚部外，基本全身覆盖。装备的手套、裤子、马甲上设有感官传输点，可以实际触摸或感受到虚拟世界中的冲击和与物体的接触。

Tesla Suit 工作原理也是肌肉电刺激（EMS）技术，即用温和且轻微的电子脉冲来刺激身体，模拟出各种不同的感觉：在虚拟世界中体验拥抱的感觉，虚拟游戏里体验被子弹射中的感觉，在虚拟的沙漠里体验烈日当头的感觉等等。相比其他刺激方式，这种基于人体本身电信号的刺激更加真实，如图 3-19 所示。

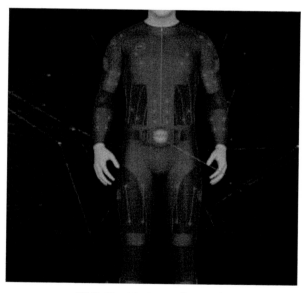

图 3-19　Teslasuit 产品示意

Teslasuit 能够模拟各类日常感觉，比如下雨，热、水、风以及触摸，配合虚拟现实设备，用户甚至可以实现真实触感的互相拥抱。

用户接入虚拟现实设备之后，就能在虚拟现实里融合视觉和身体触觉，让用户触摸游戏环境和游戏人物，并且让其他人物触摸用户，体验各种不同的感觉，尽量降低真实世界和虚拟世界之间的差别，提升沉浸感。

此外，Teslasuit 还具备温度控制功能，能够模拟温度变化，从而更逼真地实现虚拟现实环境的仿真效果。

# 参考文献

[1] 靳海亮，高井祥.图形消隐算法综述 [J].计算机与数字工程，2006，34(9):27-31

[2] 张国宣，韦穗.虚拟现实中的 LOD 技术 [J].微机发展，2001，11(1):13-16

[3] 范波，吴慧中.多面体表面纹理映射方法的研究 [J].计算机研究与发展，1999，36(4):446-450

[4] The Industry's Foundation for High Performance Graphics. [EB/OL] http://www.opengl.org/.

[5] 周强，彭俊毅，戴树岭.基于可编程图形处理器的实时景深模拟 [J].系统仿真学报，2006，18(8):2219-2221

[6] 周雅，晏磊，赵虎.增强现实系统光照模型建立研究 [J].中国图像图形学报，2004，9(8):968-971

[7] 张志刚.基于图像的绘制技术 [J].计算机仿真，2010，27(6):279-282

[8] 孟祥翔.大视场虚拟现实头盔显示器光学系统研究 [D].中国科学院大学博士论文，2015

[9] Tom Forsyth. VR Sickness, The Rift, and How Game Developers Can Help [EB/OL]. https://developer.oculus.com/blog/vr-sickness-the-rift-and-how-game-developers-can-help/, 2013

[10] Michael Antonov. Asynchronous Timewarp Examined [EB/OL]. https://developer.oculus.com/blog/asynchronous-timewarp-examined/, 2015

[11] 崔洋，包钢，王祖.虚拟现实技术中力 / 触觉反馈的研究现状 [A].中国人工智能学会智能检测与运动控制会议 [C].南京，中国，2008:1-4

第 4 章

# 虚拟现实的内容生成及网络传输

# 4.1　虚拟现实内容生成技术

## 4.1.1　内容生成技术概述

虚拟现实能带给用户身临其境体验的基础是能生成逼真的虚拟现实内容。

目前虚拟现实的内容主要包括两类：基于计算机开发的虚拟现实三维环境和基于全景相机拍摄的真实全景视频。开发虚拟现实三维环境和制作全景视频是目前内容生成技术的主要问题。

开发虚拟现实三维环境是利用计算机技术构建各种各样的基本模型，再将它们在相应的三维虚拟世界中重构，并根据系统需求保存部分物理属性，最终获得一个能够表现出真实世界的虚拟现实系统。

虚拟现实三维环境开发是整个虚拟现实内容制作系统的核心部分，负责整个虚拟现实场景的建模、运算和生成。虚拟现实三维环境开发系统的关键技术包括图形绘制流水线和三维环境建模等。虚拟现实三维环境开发系统广泛应用在游戏、教育和设计等垂直领域，其中最火热的应用领域是虚拟现实游戏。

全景（Panorama）视频，又称360°视频，是基于真实场景以拍摄相机所在位置为中心，将拍摄角度上下左右360°的景物纳入拍摄范围，观看者可基于相机的位置，以任意视角观看的动态视频。全景视频制作的技术主要包括全景拍摄和全景缝合。

全景拍摄的方法有光心旋转拍摄、折反射全景成像和基于全景相机拍摄等方法。其中基于全景相机拍摄是目前全景视频的主要拍摄方法。在完成对全景视频的拍摄之后，需要把多个相机或镜头内拍摄的不同视角的视频文件缝合为一份全景视频文件。当前全景视频制作还存在一定的挑战和困难。

## 4.1.2　虚拟现实三维环境开发

### 4.1.2.1　图形绘制流水线

如图4-1所示，为了确保虚拟现实系统的低延时，需要在虚拟现实三维环境开发系统中实现快速的图形绘制。

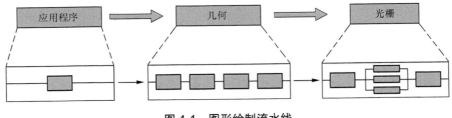

图 4-1　图形绘制流水线

图形绘制流水线的定义：根据给定的虚拟摄像机、三维物体、光源、光照模型和纹理等绘制一幅二维图像。

从概念上，图形绘制可以粗略地分为 3 个阶段，即应用程序阶段、几何阶段和光栅阶段。每个阶段又可以进一步划分为几个子阶段，为了对子阶段进行加速，又可以对子阶段进行并行化处理。

（1）应用程序阶段

应用程序阶段通过软件实现，开发者能够对该阶段进行完全的控制，可以通过改变实现方式改进实际性能，例如可以使用并行处理器进行加速。这一阶段要完成诸如建模、碰撞检测、加速算法、动画、力反馈、人机交互，以及一些不在其他阶段执行的计算。

在应用程序阶段末端，将需要绘制的几何体输入到绘制流水线的下一阶段。这些几何体都是绘制图元（如点、线、三角形等），最终需要在输出设备上显示出来。这就是应用程序阶段最重要的任务。

（2）几何阶段

几何阶段主要负责大部分多边形和顶点操作，在该阶段计算量非常高。可以将这个阶段进一步划分为以下几个子阶段：模型和视点变换、光照和着色、投影、裁剪和屏幕映射。

模型和视点变换负责根据虚拟相机的位置对虚拟环境中的物体进行坐标系变换。光照和着色负责根据光照方程对物体表面进行纹理和颜色处理。投影负责将三维空间中的物体显示到二维平面。裁剪负责根据图元的位置，对部分处于视图之外的图元进行裁剪处理。屏幕映射负责将图元顶点的坐标由规范化坐标系变换到当前显示窗口的坐标系。

（3）光栅阶段

几何阶段传给光栅阶段的数据仍然是几何图形（只不过有了颜色或纹理坐标等属性），光栅阶段的任务就是要利用这些图元数据为每个像素决定正确的配色，以便正确地绘制整个图像。这个过程称为光栅化或者扫描转换。对高性能图形系统来说，光栅化阶段必须在硬件中完成，光栅化的结果是将当前视图内的几何场景转化为图像。

图元经过光栅阶段的处理，从相机处看到的场景就可以在屏幕上显示出来。这些图元可以用合适的着色模型进行绘制，如果应用纹理技术，就会显示出纹理效果。

### 4.1.2.2　三维环境建模技术

三维环境建模是虚拟现实系统建立的基础，其主要任务是建立输入输出设备到仿真场景的映射，即开发虚拟环境的对象数据库。三维环境建模包括几何建模、物理建模、运动建模和行为建模。

（1）几何建模

几何建模是开发虚拟现实系统过程中最基本、最重要的工作之一。虚拟现实中的几何建模描述了虚拟对象的形状 ( 多边形、三角形、顶点和样条 ) 及外观（表面纹理、表面光强度和颜色 )。

几何建模可以进一步划分为层次建模法和属主建模法。

层次建模法：利用树型结构来表示物体的各个组成部分。例如，手臂可以描述成由肩关节、大臂、肘关节、小臂、腕关节、手掌、手指等构成的层次结构；而各手指又可以进一步细分为大拇指、食指、中指、无名指和小拇指。在层次建模中，较高层次构件的运动势必改变较低层次构件的空间位置。

属主建模法：让同一种对象拥有同一个属主，属主包含了该类对象的详细结构。当要建立某个属主的一个实例时，只要复制指向属主的指针即可。每一个对象实例是一个独立的节点，拥有自己独立的方位变换矩阵。以木椅建模为例，木椅的 4 条凳腿有相同的结构，可以建立一个凳腿属主，每次需要凳腿实例时，只要创建一个指向凳腿属主的指针即可。

几何建模的应用场景可分为两类：虚拟物体创建和实物三维扫描。虚拟物体创建一般通过 CAD/CAM 软件完成，实物三维扫描主要通过三维数字化仪或三维扫描仪完成，如图 4-2 所示。

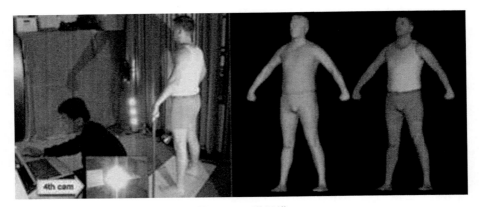

图 4-2　三维扫描

（2）运动建模

运动建模用于确定三维对象在世界坐标系中的位置及在虚拟世界中的运动。对象运动受父子对象层次关系的制约，父对象的运动会影响子对象。大多数虚拟现实开发工具均支持对象层次结构。

具体来说，对象层次是一个树型结构，定义了作为一个整体一起运动的一组对象，但是各部分也可以独立运动。层次意味着虚拟对象至少可以分为两级。上一级对象称为父对象，下一级对象称为子对象。父对象的运动会被其所有的子对象复制，而子对象的运动却不会影响父对象的位置。子对象通常会在层次中被复制多次。

例如，虚拟手就可以通过对象层次进行运动建模。即把虚拟手建模为 1 个手掌父节点和 5 个手指子节点，当手掌运动时，所有子节点（手指）随之运动。为了实现一个抓握手势，需要把每个手指再进一步细分为子结构，手指是第一指关节的父节点，第一指关节是第二指关节的父节点，而第二指关节又是末梢关节的父节点。

对象层次树型结构的顶层是全局变换，它决定了整个场景的观察视图。这个全局变换可以通过一个矩阵表示，如果改变了这个矩阵，虚拟世界中的所有对象都会表现为发生了平移、旋转和缩放。

通过运动建模能够设置观察世界的方式，即虚拟相机的运动，相机图像经变换投影到二维显示窗口，为用户提供视觉反馈。

（3）物理建模

物理建模是虚拟现实系统中比较高层次的建模，它需要物理学与计算机图形学配合。物理建模是对三维对象的物理特性，包括重量、惯性、表面硬度、柔软度和变形模式等特征进行建模。这些特征与几何建模及行为规则结合起来，形成更真实的虚拟物理模型。物理建模的主要工作包括碰撞检测、受力计算、力平滑、力映射和触觉纹理等。

分形技术和粒子系统就是典型的物理建模方法。

分形技术适用于对具有自相似特征的数据集进行建模。自相似特征是指每一任意小的局部形状都与整体相似。自然界中有很多自相似特征的例子，例如树枝和大树、连绵的山川、海岸线等。自相似特征可用于描述复杂的不规则外形物体。

该技术首先用于水流和山体的地理特征建模。例如，可以利用三角形生成一个随机地理模型，再将三角形三边的中点连接起来，分割成 4 个三角形。同时，给每个三角形随机地赋予一个高度值，然后递归上述过程，就可以产生相当真实的山体。分形技术在虚拟现实系统中主要用于静态远景的建模。

粒子系统是用简单的元素完成复杂的、运动的建模。粒子系统由大量的称为粒子的简单元素构成，每个粒子具有位置、速度、颜色和生命期等属性，这些属性可以根据动力学和随机过程计算得到。在虚拟现实中，粒子系统常用于描述火焰、水流、雨雪、旋风、喷泉等现象，用于动态的、运动的物体建模。

（4）行为建模

在大规模虚拟现实系统中，用户不可能与虚拟现实环境中所有对象进行交互，存在有大量不依赖于用户交互动作的对象，例如运动的虚拟人群、动物等。

这些虚拟对象在一定程度上与用户的动作无关，具有一定的智能。行为建模就是对三维对象创建物理属性和动作反应能力，即赋予被建模对象一定的行为能力和智能，并让其服从一定的客观规律。

例如，在创建一个虚拟人物后，该人物不仅应该具有人的外观特征，还应该能够感知周围环境，具备人的情绪、行为规则和动作能力。该虚拟人物具有在虚拟环境中行走奔跑等行为能力，其行为特征应受该虚拟环境的物理规则限制。

## 4.1.2.3　三维环境建模软件

三维环境建模软件是虚拟现实三维环境开发系统非常重要的部分，它为虚拟现实应用开发生成各种基础三维模型。较常用的三维建模软件有 3DS MAX、Maya、Creator 和 Blender 等，近年来基于 Web/HTML5 的三维建模技术开始流行。

（1）3DS MAX

3DS MAX 是由美国 Autodesk 公司推出的当前世界上销量最大的三维设计软件包，它具备三维动画和虚拟现实建模的功能，具体有三维建模、材质制作、灯光设定、摄像机使用、动画设置及渲染等功能，能够提供三维动画及静态效果图相关的完整解决方案。与同类三维建模的软件相比，3DS MAX 具有更简洁高效的制作流程以及种类丰富的插件等优势，一直是虚拟显示系统在三维建模方面的重要工具。

3DS MAX 在广告、影视、游戏、建筑设计、工业设计、多媒体制作、工程可视化以及辅助教学等领域有广泛的应用。拥有强大功能的 3DS MAX 被广泛地应用于电视及娱乐业中，比如片头动画和视频游戏的制作，深受游戏玩家们喜爱的古墓丽影中劳拉的角色形象就是通过 3DS MAX 制作的，此外在影视特效方面也有一定的应用。

（2）Maya

Maya 是美国 Autodesk 公司出品的针对专业的影视广告、电影特技及角色动画的三维动画软件，如图 4-3 所示。它功能完善，操作灵活，易学易用，制作效率极高，渲染真实感极强，是电影级别的高端制作软件。

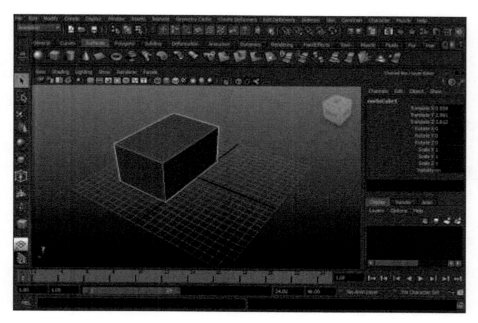

图 4-3　Maya 操作界面

Maya 集成了 Alias Wavefront 最先进的动画及数字效果技术。它不仅包括一般的三维和视觉效果制作的功能，而且还结合了最先进的建模、数字化布料模拟、运动匹配、毛发渲染等技术。Maya 可在 Windows 等操作系统上运行，是目前市场上用来进行数字和三维制作的常用工具。

作为同一公司出品的同一类型的两种软件，Maya 和 3DS MAX 主要的区别在于：Maya 是高端 3D 软件，3DS MAX 是中端软件，易学易用，但在遇到一些高级要求时（如运动学模拟 / 角色动画）远不如 Maya 强大。3DS MAX 软件应用主要是动画片制作、建筑效果图、游戏动画制作、建筑动画等。Maya 软件应用主要是动画片制作、游戏动画、电影制作、电视广告制作、电视栏目包装等。

（3）Creator

由美国 Multigen-Paradigm 公司开发的 Multigen Creator 系列软件，拥有针对实时应用优化的 OpenFlight 数据格式，强大的多边形建模、矢量建模、大面积地形精确生成等功能，以及多种专业选项及插件，能高效、最优化地生成实时三维（RT3D）数据库，并与后续的实时仿真软件紧密结合，在视景仿真、城市仿真、模拟训练、交互式游戏及工程应用、科学可视化等实时仿真领域有着领先的地位。

Multigen Creator 是一个软件包，专门创建用于视景仿真的实时三维模型，使得输入、修改、创建原型、结构化和优化模型数据库更容易，不仅可用于大型的实景仿真，也可用于娱乐游戏环境的创建。

（4）Blender

Blender 是一个开源且跨平台的全能三维动画制作软件，它提供从建模、动画、材质、渲染到音频处理、视频剪辑的一系列动画短片制作的工具。Blender 具备在不同工作下使用的多种界面，以 Python 为内建脚本，支持 Yafaray 渲染器，同时还内建了游戏引擎，拥有丰富的高端模型组件。其动画工具包括反向动作组件，可设定骨骼、结构变形、关键影格、时间线，支持非线性视频编辑。

（5）基于 Web 的三维建模

除了基于上述专用的客户端软件，随着万维网的日益流行和技术的进步，虚拟现实的三维场景不再需要下载和安装大型的软件或者专门的高速度处理计算机实现，只需要一个浏览器就能实现三维场景的展示。最简单的是仅仅在网页中嵌入三维模型（例如 Web3D）供用户观看，复杂些的就是使用 HTML5 开发完整的三维建模工具。

Web3D 技术最早可以追溯到 20 世纪 90 年代的 VRML（Virtual Reality Modeling

Language，虚拟现实建模语言）。1998 年，VRML 组织改名为 Web3D 组织，同时制订了一个新的标准——Extensible 3D (X3D)。到了 2000 年春天，Web3D 组织完成 VRML 到 X3D 的转换。为了获得更强大、更高效的 3D 计算能力、渲染质量和传输速度，X3D 逐步整合 XML、Java 等技术。

HTML（Hypertext Markup Language，超文本标记语言）用于描述网页文档，是互联网浏览和 Web 应用的基础技术。HTML5 是 W3C（万维网联盟）制定的最新的 HTML 标准，具有优异的跨平台特性，可实现多媒体内容及应用程序直接展现并运行在浏览器中，不用提前下载和安装任何程序或插件。

在 HTML5 中，新增加 Canvas 元素来定义一个图形容器，为在浏览器中直接绘制三维模型提供了基础接口。同时为了实现浏览器对系统图形显示芯片的调用，WebGL 提供了基于 JavaScript 的 OpenGL ES（OpenGL for Embedded Systems）API，这样开发者就可以调用系统显卡的硬件加速功能，在浏览器的 Canvas 容器中流畅地绘制和展示三维场景和模型。

通过 HTML5 技术标准，免去为三维建模增加专用渲染插件的麻烦，可以创建具有复杂三维模型的网站页面，从而实现基于 Web 的三维建模工具。随着 HTML5 被各大浏览器厂商普遍支持和开发者对 HTML5 技术日益高涨的热情，基于 Web 的三维建模技术还将快速发展。

### 4.1.2.4　虚拟现实游戏开发软件

游戏是目前虚拟现实最火热的应用领域。为了开发虚拟现实游戏，首先需要使用上一节介绍的三维建模软件生成三维模型，然后通过虚拟现实游戏开发软件将建模软件获得的模型进行显示，实现场景设计、人机交互等功能。现在比较常用的虚拟现实游戏开发软件包括 Virtools、Unity 和 Unreal Engine。

（1）Virtools

Virtools 是一套整合软件，可以将现有常用的档案格式整合在一起，如 3D 的模型、2D 图形或音效等。同时它也是一套具备丰富互动行为模块的实时 3D 环境虚拟实境编辑软件，可以制作出许多不同用途的 3D 产品，如网络、多媒体、计算机游戏、交互式电视、建筑设计、仿真与产品展示、教育训练等。

Virtools 还能制作具有沉浸感的虚拟环境，它能对参与者生成诸如视觉、听觉、触觉等各种感官信息，给参与者一种身临其境的感觉。目前全世界有超过 270 所大学使用 Virtools，Virtools 已经获得许多媒体技术学系学生的肯定和支持。

Virtools 有一个设计完善的图形使用界面，通过模块化的行为模块编写互动行为元素的脚本语言。这使得使用者能够快速地熟悉各种功能，包括从简单的变形到力学功能等。

许多大型游戏制作公司，例如 EA 和 Sony Entertainment，都使用 Virtools 快速地制作游戏产品的雏形，而且还有很多游戏从头到尾都用 Virtools 进行开发。在中国，Virtools 的应用刚刚起步，但是前景十分看好。

（2）Unity

Unity 是由 Unity Technologies 开发的一个能够实现实时三维动画、三维视频游戏等互动内容的综合型游戏开发平台。Unity 内置光照贴图（Light Mapping）、遮挡剔除（Occlusion Culling）和解调器，并提供可视化的编程界面，使其性能得到质的提升。同时，Unity 类似于 Virtools、Director 等采用交互的图形化开发环境的软件，既能支持 PC 端、手机端的开发，又能支持网页端游戏的发布。

为了吸引 Unity 的游戏开发者在自己熟悉的环境中快速开发虚拟现实游戏，虚拟现实相关公司均提供基于 Unity 的虚拟现实游戏开发插件。

谷歌公司发布了 Google VR SDK for Unity 开发插件 [1]，支持新建虚拟现实游戏项目和把已有的 3D 游戏转换为虚拟现实游戏等功能，提供头部跟踪、立体声音输出、畸变校正等开发虚拟现实游戏的 API 调用。

Oculus 推出了 Oculus Utilities for Unity 5 开发工具 [2]，用来支持在 Unity 环境中开发 Oculus Rift 和三星 Gear VR 的游戏，提供运动追踪、图形输出性能管理、跨平台支持等功能的 API 调用。

HTC 和 Valve 提供基于 Unity 的 Steam VR Plugin 开发插件 [3]，支持在 HTC Vive 上开发高质量的虚拟现实游戏，该插件支持从头部到房间级（Room-Scale）的运动追踪和捕捉的 API 调用。

同时，Unity 从 5.1 版本起，直接内置了对虚拟现实游戏开发的支持，支持自动双目立体显示、内建 VR 虚拟摄像机和所见即所得的 VR 编辑模式等功能。可以预期，Unity 将继续加大对虚拟现实游戏开发的支持。

（3）Unreal Engine

Unreal Engine 是由 Epic Games 公司开发的广受欢迎的三维游戏开发引擎，其最新版本为 Unreal4。Unreal4 中提供丰富的可视化工具，支持 DirectX11 渲染功能如即时光迹追踪、HDR 反射、动态光源、虚拟位移等；Unreal4 引擎支持通过 HTML5 在网页浏览器内开发更为强大的网页游戏。

　　Epic Games 非常重视虚拟现实游戏开发的前景，在最新版本的 Unreal Engine 中内建了对虚拟现实游戏开发的支持，如图 4-4 所示，目前支持三星 Gear VR、Oculus Rift、HTC/Valve SteamVR 和谷歌 VR 共 4 种虚拟现实终端及运行平台 [4]。

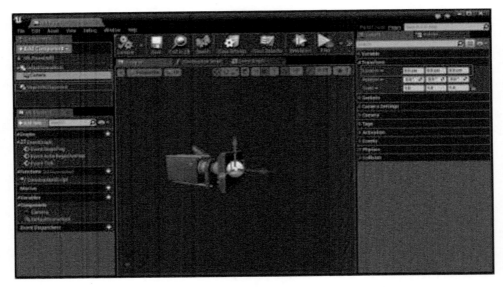

**图 4-4　Unreal 虚拟现实游戏开发界面**

　　随着虚拟现实消费需求的到来及具有良好体验的虚拟现实产品面世，虚拟现实游戏将形成对于传统电脑游戏和手机游戏的颠覆，发展成为新的蓝海市场。

## 4.1.3　全景视频制作

### 4.1.3.1　全景拍摄

　　不同于传统拍摄只记录一个视角，全景拍摄需要实现对 360°全方位景物的记录，其拍摄设备和手段均和传统视频不尽相同。本节中提到的不同类型的拍摄设备在第 5 章将详细介绍。

（1）基于光心的旋转拍摄

基于光心的旋转拍摄是指将一部相机放在全景云台上，然后以相机光心为轴心，顺着不同的径线，旋转拍摄多张照片后缝合为一张全景照片，如图 4-5 所示。这种拍摄方法的优点是只使用一部相机和全景云台，不需要校正多部相机的参数；可根据镜头的焦段，灵活调整需要拍摄的原始照片的角度和数量。这种方法的缺点是需要在移动机位的时候精确测量光心位置；另外由于只使用一部相机，无法同时拍摄多个视角的内容，从而无法拍摄全景视频。

旋转相机围绕光心拍摄

图 4-5　基于光心的旋转拍摄

（2）折反射全景成像

折反射全景成像是指在相机的正上方放置折反射镜以扩大拍摄视场，实现通过尽可能少的照片完成全景拍摄的目的，如图 4-6 所示。折反射镜面可以为球面、圆锥面、抛物面和双曲面等具有不同成像特性的面型结构。

折反射全景成像系统主要包括以下类型 [5]。单相机单镜面运动式折反射全景立体成像系统，双相机双镜面折反射全景立体成像系统，单相机三镜面折反射全景立体成像系统，单相机双镜面折反射全景立体成像系统等。

折反射全景成像系统具有结构简单、成本低的

图 4-6　折反射全景成像

优点，但在成像质量方面存在若干问题，主要包括：单相机双镜面成像系统的基线太短会导致深度信息提取精度不高；多相机成像系统和非单视点成像系统的立体匹配和重建算法复杂；单相机双镜面成像系统的深度计算有误差；折反射成像系统普遍存在图像畸变较大且容易出现散焦问题。

由于上述问题的存在，目前在全景视频拍摄领域较少使用折反射全景成像系统。

（3）基于全景相机拍摄

目前全景视频拍摄主要通过全景相机完成。全景相机的类型包括双目一体相机、拼接型多目拍摄设备和多目一体相机。

双目一体相机是指通过在同一部相机上集成两个鱼眼镜头，实现对 360°场景的拍摄，例如理光 THETA 全景相机。该方案的优点在于，由同一部相机集成了拍摄全景视频的所有功能，通过"一键式"操作就可以拍摄全景视频；同时由于镜头都受控于同一个控制系统，可以极大地降低镜头间不同步带来的缝合问题。该方案的缺点在于，鱼眼镜头在边缘区域的畸变非常严重且难以完全消除，视频中景物的形象与现实世界中的形象对比会有一定的变形。

为了减轻双鱼眼镜头带来的景物形象变形问题，部分全景相机集成多个鱼眼或广角镜头，通过减少每个镜头的视场角，以提高镜头的焦段，降低每个镜头的畸变。拼接型多目拍摄设备就是基于此原理设计。

拼接型多目拍摄设备是指将若干部相机捆绑集成在一个支架上，通过多镜头捕捉 360°全景。例如目前基于 6 部 GoPro 相机制作的全景拍摄装置非常流行，广泛应用于全景拍摄和制作过程，如图 4-7 所示，使用 Red Dragon 摄像机进行拼接的电影级拍摄设备也开始较大规模的应用。基于拼接型多目设备拍摄全景视频的优点在于，可充分利用现有成熟的拍摄设备，不用另行采购。这个方案的缺点在于，对多部相机进行统一控制和视频同步的难度较大。

另外还有多目一体机拍摄设备，多目

图 4-7　基于拼接型多目拍摄设备

一体相机是将多个摄像头和相关的光学及电子器件集成为一部相机，由一部相机统一控制多个摄像头同步拍摄。在此不再赘述。

## 4.1.3.2　全景缝合

在完成对全景视频的拍摄之后，需要把多个相机或镜头内拍摄的不同视角的视频文件缝合为一份全景视频文件。视频流的基本组成单位是图像序列，因此可以把全景视频缝合简化为多幅图像的缝合。

为了获取较广阔的视野范围，全景相机目前普遍使用鱼眼镜头进行拍摄。鱼眼镜头拍摄视角可在 170° 以上，但由于其有更大的球面弧度和更近的成像平面，所拍摄的图像桶形畸变非常严重，图像中大量的直线线条被弯曲。为了保障后续图像缝合的质量，输入的图像序列需要进行预处理，矫正桶形畸变。图像预处理需要事先进行相机标定工作[6]，通过计算出来的相机参数，对图像进行矫正恢复。

在完成图像预处理后，需要首先选择全景图像的投影模型。根据全景图投影展示方式的不同，主要可以分为 3 种模型：立方体模型、圆柱模型和球面模型。这三种模型就是分别把已经拼接好的全景图投影到立方体、圆柱体或者球体的内表面。

球面投影模型的视角为水平 360°、垂直 180°，是全视角投影模型。在观察球面全景图时，观察者的虚拟位置位于球体中心，可以用任意角度对全景图像进行观察，具有非常高的逼真度。目前在全景视频制作中，普遍使用球面投影模型。

确定投影模型后，接着正式进入全景缝合流程。该流程主要由两部分组成：图像配准（Registration）和融合（Compositing）[7]。

图像配准的主要目标是对不同图像的相似度和一致性进行分析，对不同图像进行位移、旋转和缩放等几何变化，寻找特征值以确定景物重合范围并得到图像融合的计算参数。目前效果较好的图像配准算法主要是基于特征值的图像配准算法，典型算法是 SIFT（Scale Invariant Feature Transform）[8]、[9]。图像配准的主要步骤包括：寻找不同图像的特征值；使用最近邻和次近邻方法对特征值进行最优匹配筛选，得到能正确匹配的图像序列；进行虚拟相机参数粗略估计，求出旋转矩阵，使用光束平均法进一步精准地估计出旋转矩阵；对图像进行水平或垂直波形校正。

图像融合是进行图像缝合的最后一个阶段。首先需要根据虚拟相机的参数矩阵和旋转矩阵将各图像投影到对应全景图像投影模型的坐标系，然后通过光照补偿的技术手段对图像的亮度进行统一平滑处理，最后对图像进行接缝计算和多波段融合，最终获得完整的缝合后的全景图像，如图4-8所示。

图 4-8　缝合后的全景图像

### 4.1.3.3　全景视频制作的主要挑战

作为虚拟现实内容生成的重点领域，全景视频制作目前仍然存在较大的挑战和困难。

（1）视频同步

由于在全景拍摄的过程中使用了多个相机或者镜头，为了提升后期的全景视频缝合效果，避免因为不同相机的时间不同步而造成的鬼影现象，在全景拍摄过程中的视频同步就显得尤为重要。

对于双目全景相机，由于其内置了对多个镜头的同步控制系统，可以较完美地实现各相机的同步拍摄，需要重点解决的是拼接型多目拍摄设备的视频同步问题。对于拼接型多目拍摄设备，目前普遍使用的视频同步技术包括声音同步和动作同步。其中，声音同步因为使用简便，在实际拍摄过程中被广泛使用。声音同步的主要原理是，在所有相机开始拍摄后，外部发出一个高频声音信号，作为后期全景视频制作时的同步标识信号，后期的视频处理软件通过该高频声音信号，确定各路视频流的帧同步位置。但这种方法只能实现帧同步，即将时间同步的窗口缩小到一帧以内，仍然可能存在 $1 \sim 20$ ms 的帧内时间误差。

（2）视差和鬼影的消除

视差是指位于不同位置的相机在拍摄同一场景时，由于视点位置的不同，拍摄到的前景物体相对于背景物体出现的位置关系变化。视差给全景缝合带来较大的困难，假如一个物体或者人物正好处于两张相邻图像的重叠区域，而又因为比较靠近镜头而处于前景位置时，相邻相机拍摄到的内容就会出现视差。当进行全景缝合时，前景物体或者人物的边缘就会因为视差出现模糊现象，就是俗称的鬼影。当相邻相机重叠区域的物体或者人物离相机镜头较近或者运动穿越缝合线时，视差和鬼影现象就比较突出。目前的图像配准和融合算法仍然无法完美地解决视差和鬼影问题。

此外，在传统视频过程中，虽然可以安排多机位拍摄，但最终呈现给观众的视频在每一个具体的时刻都只是其中一个机位的视角，传统影视行业已经有了成熟的拍摄和置景手段、镜头语言和叙事逻辑。但对于全景视频拍摄，以上方面均发生重大的变化，还需要长期摸索。

## 4.2　虚拟现实网络传输技术

### 4.2.1　虚拟现实网络传输的技术需求

随着智能终端、通信网络和云计算等相关技术的飞速发展，虚拟现实系统可部署在云端，通过通信网络为世界各地的用户提供服务。

虚拟现实的内容具有高分辨率和高帧率的特点，其海量数据对网络传输带宽能力有较高的要求。这里简单分析针对不同分辨率、每像素点比特数和帧率的内容，在百倍压缩比的情况下对网络带宽的要求，见表 4-1。

表 4-1　虚拟现实内容对网络传输带宽能力的要求

| 分辨率 | 每像素比特数 | 帧率 | 带宽 |
|---|---|---|---|
| 1080P | 12bit/pixel | 60fps | 15Mbit/s |
| 4K | 12bit/pixel | 60fps | 60Mbit/s |
| 8K | 12bit/pixel | 60fps | 240Mbit/s |
| 8K 3D | 24bit/pixel | 120fps | 960Mbit/s |

同时，为了避免较大延迟带来眩晕感，提升交互体验，网络传输系统需要将端到端时延控制在 10ms 以内。

总体而言，为了保证虚拟现实系统的高交互性和实时性，虚拟现实网络传输技术的需求包括提升通信网络的传输效率、优化通信协议和提高传输带宽等方面。

## 4.2.2　提升传输效率

自 20 世纪 90 年代开始，科研机构就已经开始研究如何通过改进算法来提高虚拟现实的网络传输效率，并取得了一定突破。

（1）三维模型压缩传输

在虚拟现实系统中，用户的交互界面、游戏中的人物和场景等内容均是由三维模型构成，针对三维模型的压缩传输就成为提升传输效率的一个重要问题。

1996 年业界提出三维模型渐进压缩传输算法，但是渐进压缩技术只能支持对静态模型的流式传输，因为模型的顶点删除和分裂方式与表面有关，当模型表面发生形变后，原始记录不再有效。2010 年，Tang 等 [10] 基于谱变换方法，将网格在空间域上表示为基矩阵和一系列多分辨率变换矩阵，可以用于渐进传输和恢复，只传输变形后的谱系数而非完整模型，大大降低了网络开销，初步实现了变形模型的压缩和流式传输。Tang 等进一步将实时变形模型引入到移动终端上，同时提出一个渐进的变形压缩和流式传输技术 [11]。

（2）全景视频压缩传输

全景视频因为其浸入感强、观看视角自由、拥有较好的用户体验，已成为 VR 重要的内容来源之一。但全景视频需要为用户提供全视角的细节，视频分辨率需要达到 4K（4096×2160）以上，码流速度达到 100Mbit/s 以上，对于现有的传输网络存在较大的挑战。

全景视频压缩技术目前仍然处于探索期，包括 NextVR 和 Facebook 等公司均提出了压缩技术方案。NextVR 提出了一种基于降低信息熵的立体视频压缩技术[12]，Facebook 针对 VR 提出 Dynamic Streaming 技术[13]。Dynamic Streaming 技术原理是将非用户当前视点范围内的视频均进行压缩，只为用户传输当前视点的高清内容，在保证画质和分辨率无损的情况下，传输到用户 VR 设备上的视频最多可以压缩到原来的 20%。

Dynamic Streaming 技术把视频建模为一个立方体或金字塔，虽然在虚拟设备中展示给用户的是一个球体空间，但可以被展开到一个立方体或金字塔框架中，如图 4-9 所示。Facebook 所做的事情是基于不同的视点创建一系列不同的视频，而这些视点分布位于立方体的不同边，所有相关信息都存储在服务器中。在网络播放时，根据用户的视场角呈现视频。

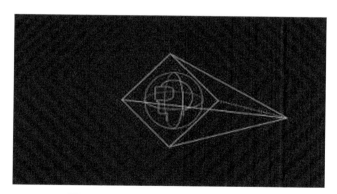

图 4-9　Dynamic Streaming 技术示意

## 4.2.3　优化通信协议

目前网络系统中常用的基本通信协议是 TCP 和 UDP。对于这两种通信协议，面向连接的 TCP 协议比无连接协议 UDP 有更好的数据一致性，但因为 TCP 在收到包时需要确认机制，若丢包需要重传，实时性比 UDP 要差。为了解决实时性与可靠性之间的矛盾，业界提出了以下虚拟现实通信优化协议。

DIS（Distributed Interactive Simulation，分布式交互仿真协议）是由 IEEE 定义的一种平台级实时战略游戏标准[14]，广泛应用于军事、太空探测和医疗等领域。

ISTP（Interactive Sharing Transfer Protocol，交互式共享传输协议）是构建在 4 个协议（TCP、UDP、RTP、HTTP）之上的混合通信协议[15]，支持在一个虚拟环境中一组进程的信息共享。

VRTP（Virtual Reality Transfer Protocol，虚拟现实传输协议）是虚拟现实的应用层协议[16]。VRTP 的意图用一个统一的框架支持虚拟现实所有类型数据的传输，此框架通过协议模块的集合提供给客户必要的连接。

虽然学术界和工业界一直在为持续优化虚拟现实通信协议而努力，但在该领域目前尚未形成被广泛认可的工业或者事实标准。虚拟现实通信协议的优化仍有较大的研究空间。

## 4.2.4 提高网络带宽

虚拟现实内容的实时传输速率要求非常高，例如 8K 3D 的无压缩视频传输速率可达将近 100Gbit/s，经过百倍压缩后，也需要接近 1Gbit/s 的传输带宽，这对当前的网络承载特别是无线通信网络提出了新的挑战。

目前商用的第四代移动通信系统难以满足虚拟现实的实时传输要求，面向 2020 年及未来的第五代移动通信技术（5G）在设计之初即充分考虑了虚拟现实的网络承载需求[17]。

国际电信联盟（International Telecommunication Union，ITU）自 2012 年起启动 5G 标准化工作，在 2015 年通过需求分析明确了 5G 的愿景，在 2018-2020 年，完成 5G 的技术验证和标准化。ITU 定义了 8 项 5G 核心能力指标，见表 4-2。

表 4-2　5G 核心能力指标

| 指标名称 | 数值 |
| --- | --- |
| 流量密度 | 10Tbit/s/km$^2$ |
| 连接数 | 100万/km$^2$ |

（续表）

| 指标名称 | 数值 |
|---|---|
| 时延 | 1ms |
| 移动性 | 500 km/h |
| 能效 | 相对4G提升100倍 |
| 用户体验速率 | 100Mbit/s～1Gbit/s |
| 频谱效率 | 相对4G提升3倍 |
| 峰值速率 | 20Gbit/s |

　　根据 ITU 发布的 IMT-2020 Vision 报告，5G 未来主要面向三类应用场景，即增强型移动宽带、大规模机器间通信以及高可靠低时延通信。5G 计划提供高达 1Gbit/s 的用户体验速率和毫秒级的端到端时延，将极大地改善虚拟现实的用户体验。

　　为达到上述目标，5G 在大规模天线、超密集组网、新型多址、全频谱接入和新型网络架构等关键技术领域取得了突破。此外，基于滤波的正交频分复用、灵活双工、终端直连、极化码、全双工等也是 5G 重要的潜在关键技术。

　　（1）大规模天线

　　大规模天线通过在现有多天线基础上增加天线数提升波束赋形增益与多用户复用增益，从而大幅提升频谱效率。大规模天线可有效满足高层及深度覆盖需求，提升系统容量与用户速率，并抑制小区间干扰。大规模天线技术需解决信道测量与反馈、参考信号设计、天线阵列设计、低成本实现等关键问题。未来大规模天线将向着天线小型化、一体化、隐形化和宽带化的方向发展。

　　（2）超密集组网

　　超密集组网通过增加小基站的密度，提升系统容量与用户速率，但是超密集部署将带来干扰管理、成本控制、移动性管理、回程增强等挑战。目前大部分公司都将超密集组网作为 5G 满足数百倍流量增长需求的关键技术方向之一，并在积极解决超密集组网中的各种问题与挑战。干扰管理与抑制、小区虚拟化技术、接入与回传联合设计等是超密集组网的重要研究方向。

（3）新型多址技术

新型多址技术通过在空域、时域、频域、码域发送信号的叠加传输来实现多种场景下系统频谱效率、连接数密度和用户速率的显著提升。目前业界提出的技术方案主要包括基于多维调制和稀疏码扩频的稀疏码分多址（SCMA）技术，基于复数多元码及增强叠加编码的多用户共享接入（MUSA）技术，基于非正交特征图样的图样分割多址（PDMA）技术以及基于功率叠加的非正交多址（NOMA）技术。此外，新型多址技术可通过免调度传输来降低信令开销，缩短接入时延，节省终端功耗。

（4）全频谱接入

全频谱接入通过有效利用各类移动通信频谱（包含高低频段、授权与非授权频谱、对称与非对称频谱、连续与非连续频谱等）资源来提升用户数据传输速率和系统容量。6GHz以下频段因其较好的信道传播特性可作为5G的优选频段，6~100GHz高频段具有更加丰富的空闲频谱资源，可作为5G的辅助频段。未来可考虑低频和高频分别承载控制面和用户面来实现高低频统一设计。信道测量与建模、高频接入回传一体化以及高频器件是全频谱接入技术面临的主要挑战。

（5）新型网络架构

如上所述，虚拟现实等新业务的发展，对通信网络的端到端时延以及速率等提出了更加严格的需求，基于现有的LTE网络以后向兼容的方式来满足这些需求将有极大的挑战。因此，除了以多址方式为核心的无线空中接口技术特征，以更扁平、控制和转发进一步分离、按业务需求灵活动态组网的新型网络架构为特征的网络逻辑功能与接口，以及网络拓扑与平台组合的新一代移动通信技术成为这些新兴业务发展的基石。

新型网络架构的设计主要包括：业务下沉与本地化，以降低业务时延，减少回传网络传输要求；多网融合与多连接，在5G多网共存的情况下，提高网络效率和资源利用率，降低部署和运维成本；网络容量与效率优化，满足海量连接、数据洪流的需求以及减少网络开销；IT化与虚拟化，以通用IT技术平台取代现有的专用网络设备节点，采用SDN和NFV技术促进网络的集中控制与分布转发，实现网络计算和存储资源虚拟化，及网络功能与性能的可动态重构与定制化能力；更加灵活与智能的网络接入，包括密集灵活部署、业务和内容感知，实现低成本和用户体验一致性。

除了关键技术领域的突破，5G 的未来更依赖于通信产业的发展。近年来，我国通信产业的飞速发展为 5G 的成熟和落地提供了保障。

在第二代移动通信（2G）时期，我国产业基础较为薄弱，竞争力相对较弱，在技术和标准领域几乎没有话语权。

在第三代移动通信（3G）时期，我国提出的 TD-SCDMA 技术标准成为三大国际标准之一，打赢了国际移动通信标准的第一战，在技术研发、标准化和设备制造领域培养了大量优秀的人才。

在第四代移动通信（4G）时代，中国通信产业界在掌握关键技术知识产权的同时，一开始就定位于融合发展和全面国际化。由中国主导的 TD-LTE 技术，在 4G 时代与 FDD 实现了标准融合、产业融合、产品融合、网络融合，最终成为国际主流技术标准。

在 5G 时代，我国已形成完整的产业链，一些企业的市场份额和研发能力已处于世界前列，运营业和制造业都拥有了更大话语权，已成为全球重要的一极。在标准规则的运用方面，通过多年的实际参与和运作，我国企业已经熟练地掌握了主要国际组织的运作规则，并且担任了一些组织的领导职务，在标准制定和产业推广方面的话语权大幅提升。

基于我国在 5G 通信产业积累的优势，虚拟现实作为 5G 时代最重要的垂直应用场景之一，与通信产业在市场准备、技术研究、标准制定和产业构建等方面的协同合作与创新有着巨大的想象空间。让我们期待虚拟现实与通信产业共同拓展新市场，迎接新机遇，共建跨行业融合新生态，实现合作共赢。

# 参考文献

[1] https://developers.google.com/vr/unity/

[2] Oculus Utilities for Unity 5 [EB/OL]. https://developer.oculus.com/downloads/ game-engines/1.3.2

[3] Steam VR Plugin-Asset Store [EB/OL]. https://www.assetstore.unity3d.com/ en/#!/content/32647, 2016

[4] Virtual Reality Development [EB/OL]. https://docs.unrealengine.com/latest/ INT/Platforms/VR/

[5] 陈炫屹，白剑. 折反射全景立体成像技术的现状与进展 [J]. 光学仪器，2009, 31(6):81-85

[6] Zhang Z. A flexible new technique for camera calibration. IEEE Transactions on Pattern Analysis and Machine Intelligence, 2000, 22(11):1330-1334

[7] Brown M, Lowe D. Automatic panoramic image stitching using invariant features[J]. International Journal of Computer Vision, 2007, 74(1): 59-73

[8] Lowe D G. Object recognition from local scale-invariant features[C]. International Conference on Computer Vision[C], Corfu Greece, 1999: 1150-1157

[9] Lowe D G. Distinctive image features from scale-invariant keypoints[J]. International Journal of Computer Vision，2004，60(2)：91-110

[10] Tang Z, Rong G, Guo X, et al. Streaming 3D shape deformations in collaborative virtual environment[A]. Proceedings of Virtual Reality Conference[C], Waltham, 2010: 183–186

[11] Tang Z, Ozbek O, Guo X. Real-time 3D interaction with deformable model on mobile devices[A]. Proceedings of the ACM International Conference on Multimedia[C], Scottsdale, 2011: 1009–1012

[12] David Michael Cole, Alan McKay Moss, David Roller, Jr. Stereoscopic video encoding and decoding methods and apparatus[P]. U.S. Patent 9313474

[13] Evgeny Kuzyakov, David Pio. Next-generation video encoding techniques for 360 video and VR. [EB/OL] Code.facebook.com

[14] IEEE 1278-1993. Standard for distributed interactive simulation–application protocols[s]

[15] Richard C Waters, Diana Anderson, Derek L Schwenke. The interactive sharing transfer protocol[EB/OL]. https://www.researchgate.net/publication/238648985_The_Interactive_Sharing_Transfer_Protocol_Version_1, 1997

[16] Brutzman D, Zyda M, Watsen K, Macedonia M. Virtual reality transfer protocol (VRTP) design rationale[A]. Workshops on Enabling Technology: Infrastructure for Collaborative Enterprises (WET ICE): Sharing a Distributed

[17] ITU, Report ITU-R M.2320-0. Future technology trends of terrestrial IMT systems[R], Nov 2014

# 第 5 章

# 虚拟现实典型产品

VR:
when fantasy meets reality

VR:
when fantasy meets reality

VR:
when fantasy meets reality

VR:
when fantasy meets real

VR:
when fantasy meets reality

VR:
when fantasy meets reality

## 5.1　虚拟现实产品概述

随着技术的进步和市场爆发，虚拟现实从技术构想走向了现实，成为服务于广大消费者的商用产品。

虚拟现实产品需要充分体现沉浸感、交互性和构想性的特征，给用户带来耳目一新的极致体验。为了达到这个目的，虚拟现实产品需要充分选择和利用现有的成熟技术，根据不同用户场景，通过产品形态、功能为使用者带来超出预期的心理和生理体验。

从虚拟现实的用户场景出发，虚拟现实产品主要可分为以下两类。

（1）内容生成产品

虚拟现实内容生成产品负责为用户生成在虚拟现实中可以展现和使用的内容。具体来说，包括为用户开发虚拟现实三维环境的三维建模软件，为用户制作全景视频的全景相机和视频缝合软件等。

（2）用户终端产品

随着以智能手机为代表的终端产品的飞速发展，终端产品已经成为互联网应用的关键入口和主要创新平台。作为虚拟现实的用户入口，虚拟现实终端产品负责向用户提供交互环境，把输入、输出和计算设备高度集成化，根据用户的输入向用户呈现预期的虚拟现实内容。典型的用户终端产品包括虚拟现实头盔等。

目前智能手机领域已经形成了以终端软硬件为基础，以应用商店为平台，围绕开发者的创新生态系统。虚拟现实领域的相关公司均希望复制智能手机生态系统的经验，以自身产品为基础，推动虚拟现实内容制作和发行，打造虚拟现实生态系统。

## 5.2　内容生成典型产品

### 5.2.1　内容生成产品概述

目前虚拟现实的内容主要包括基于计算机开发的虚拟现实三维环境和基于全景相机拍摄的真实全景视频。在第 4 章中已经介绍了三维环境建模软件和虚拟现实应用开发软件等产品，本节重点介绍全景视频制作产品。

全景视频是虚拟现实非常重要的一种内容形式。全景视频的制作主要包括：全景视频拍摄和全景视频缝合。

（1）全景视频拍摄

虚拟现实全景视频拍摄设备需要以360°全方位拍摄周围环境的所有人物和景观，单纯使用传统拍摄设备无法完成该工作，需要有专业的虚拟现实拍摄设备作为硬件支持。这个领域引起了产业内巨头和创业公司的关注，纷纷开发相关产品，以构建完整的虚拟现实生态系统。

和传统视频拍摄产品类似，全景视频拍摄产品也根据用户及使用场景的不同，可分为以下几类：消费级视频拍摄产品，专业级视频拍摄产品和电影级视频拍摄产品。

消费级视频拍摄产品面向的是普通消费者，需要具备低成本、高集成度和操作简便的特点，用户在使用消费级视频拍摄产品时，不需要掌握专门的拍摄或后期处理技巧。专业级视频拍摄产品则对于相机的成像画质有较高要求，要求拍摄人员掌握一定的拍摄和后期处理技巧。电影级视频拍摄产品面向专业摄影师，在成像画质、表现能力和后期制作支持方面均有很高的要求。

（2）全景视频缝合

在使用全景相机完成拍摄后，需要把多个相机或镜头内拍摄的不同视角的视频文件缝合为一份全景视频文件。在第4章已经介绍了全景视频缝合的技术原理，本节主要介绍代表性的全景视频缝合产品。

全景视频缝合产品主要包括后期缝合软件和实时缝合系统。后期缝合软件的主要用途是在全景视频完成拍摄后，导入各镜头的视频素材进行后期缝合处理。实时缝合系统则支持在全景视频拍摄过程中，实时将多个镜头的视频缝合为一份全景视频，适用于全景视频直播等对实时性要求高的场景。

## 5.2.2 全景视频拍摄产品

### 5.2.2.1 消费级视频拍摄产品

消费级视频拍摄产品要求集成度高、体积小巧、使用便捷，目前的消费级视频拍摄设备均为双目一体相机。

双目一体相机是一种便捷的虚拟现实拍摄设备，其基本构成原理是由两个鱼眼摄像头分别拍摄前后 180°的景物，然后拼接为 360°全景。理光的 THETA S 全景相机是其典型产品。

THETA S 是理光公司推出的全景相机产品，支持 360°全景拍摄、高清直播、无线遥控、实时取景等功能。THETA S 的产品细节如图 5-1 所示。

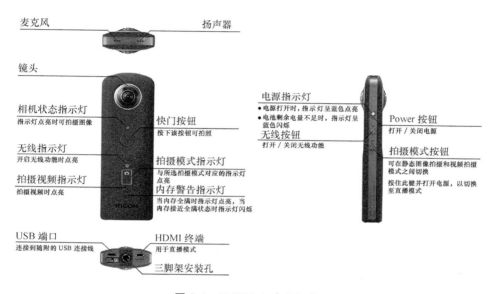

**图 5-1　THETA S 产品细节**

从图 5-1 可以看出其在有限的机器空间内集成了两枚鱼眼镜头。为了尽量缩短镜头的光路，保障机器的轻薄设计，THETA S 采用了潜望式设计，利用反射光路，缩小了光学组的体积。

理光在 2013 年就推出了 THETA 的第一代产品，引起业界轰动，目前的 THETA S 是第三代产品，感光元件升级到 1/2.3 英寸，镜头也对应传感器变化使用了新的设计，6 群 7 枚，开放光圈达到 F2。静止图像支持最高 5376×2688 分辨率，视频拍摄时间延长到 15 min。

双目一体相机具有低成本、集成度高、使用简便的优点，但是由于其只使用了两个鱼眼镜头，每个镜头需要覆盖的视场达到 180°，而鱼眼镜头的桶形弯曲畸变非常大，只有镜头中心部分的直线可以保持原来的状态，因此视场范围内景物整体变形较严重，见表 5-1。

表 5-1　THETA S 技术规格

| 外观尺寸 | 44mm × 130mm ×22.9mm |
|---|---|
| 重量 | 125g |
| 照片分辨率 | 5376 ×2688 |
| 视频规格 | 1920 ×1080，MPEG-4 AVC/H.264 |
| 存储 | 内置 5GB |
| 接口 | Micro USB、HDMI-Micro 接口（D 类） |
| 总录制时间 | 分辨率采用 1920 ×1080 时约 65 min |

此外，消费级视频拍摄产品一般受限于机内空间较小，且需要控制成本，一般无法集成复杂的光学成像器件，图像传感器的尺寸也较小，成像画质相对较差，达不到专业级的要求。

### 5.2.2.2　专业级视频拍摄产品

专业级拍摄产品包括两类：多目拼接相机和多目一体相机。多目拼接相机由多个独立的相机拼接而成，每个相机从不同角度拍摄出原始图像素材，后期通过拼接算法及合成技术将这些素材缝合为 360°全景视频。多目一体相机是将多个摄像头和相关的光学及电子器件集成为一部相机，由一部相机统一控制多个摄像头同步拍摄。

（1）谷歌 Odyssey

Odyssey 是一款由谷歌和 GoPro 合作开发的 3D-360°多目拼接全景相机，可实现 360°全景拍摄，拍摄的原始视频经过 Jump 应用转换后，会生成非常逼真的3D 全景虚拟现实视频。Odyssey 相机组的支架大小、镜头数量、镜头的安置、镜头的视野及其相对重叠的视场范围等问题都经过了精密的设计和优化，如图 5-2所示。

图 5-2　Odyssey 外观示意

Odyssey 包含 16 部 GoPro Hero4 运动相机、16 张 microSD 存储卡、全景拍摄环形支架、线缆、配件和接口。Odyssey 技术规格见表 5-2。

表 5-2　Odyssey 技术规格

| 项目 | 具体参数 |
| --- | --- |
| 尺寸和重量 | 尺寸：294.6mm×65.8mm；重量：6.57kg |
| 单摄像头参数 | 2.7 K（4:3 画幅），30f/s（NTSC）或 25f/s（PAL） |
| 输出分辨率 | 2 K×2 K 或 8 K×8 K |
| 视频格式 | H.264 codec，mp4 文件格式 |
| 电源 | 16 个可充电锂离子电池（额定功率为：1160mAh，3.8V，4.4Wh），支持通过 XLR 连接器连接外部电源 |
| 音频 | 16 个内置麦克风：单声道<br>外部麦克风支持 3.5mm 转接线，支持立体声 |

Odyssey 是谷歌虚拟现实全景平台谷歌 Jump 的组成部分。Jump 被媒体称为"完整的虚拟现实拍摄生态系统"。它由三部分组成：Odyssey 相机组，后期视频拼接处理软件，基于 Youtube 的播放平台。

（2）GoPro Omni

2016 年 GoPro 公司发布了虚拟现实相机 Omni。Omni 是基于 GoPro Hero4 的多目拼接相机。相比于上面提到的基于 GoPro 的另一虚拟现实拍摄产品 Odyssey，

Omni 是一款 GoPro 自主开发的产品，通过精简相机组数量，降低了总体成本。但由于相机组的数量较少，Omni 难以实现对景深信息的准确采集，只能拍摄普通 360°视频，无法拍摄 3D-360°视频。GoPro Omni 外观如图 5-3 所示。

Omni 外形为正方体，像一个骰子。该设备中间镂空，在 6 面分别安装了一台 Gopro Hero4 相机。在拍摄时，6 个相机将同步拍摄，然后通过后期视频拼接处理软件缝合到一起，形成一个 360°全景视频。

图 5-3　GoPro Omni 外观示意

（3）Facebook Surround 360 全景摄像机

Facebook 在 2016 年 F8 开发者大会上发布了一款名为 Surround 360 的虚拟现实 3D-360°全景摄像机（参见图 5-4）。Facebook 已经将内容重心由图片转向视频和虚拟现实，而这款产品将成为丰富虚拟现实内容生态的重要工具。

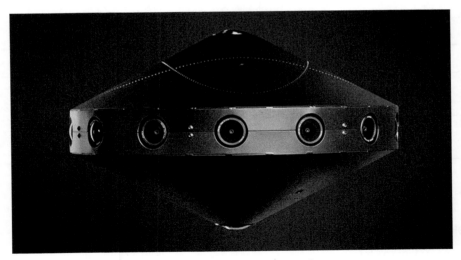

图 5-4　Surround 360 产品示意

Surround 360 相机组由 17 部相机组成，顶部是一部配备鱼眼镜头的相机，底部是两部配备超广角镜头的相机，四周由 14 个视场角为 77°的广角定焦相机组成。每部相机都可以拍摄分辨率为 2048 × 2048（410 万像素）的视频，最高支持的拍摄帧速为 60 帧 /s。这些相机拍摄的视频可通过 Facebook 的视频拼接处理配套软件缝合为 360°的全景视频。Surround 360 内部结构如图 5-5 所示。

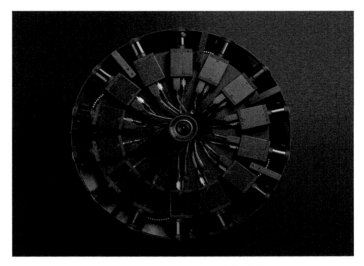

图 5-5　Surround 360 内部结构

和其他全景相机不同，Surround 360 是 3D 全景相机。不同于普通全景相机，Surround 360 需要获取景深。为了实现该需求，Surround 将其四周环绕的 14 个相机分为 7 组，每组双镜头分别模拟人的左眼和右眼以根据视差生成景深。

Surround 360 的基本组成单元是 Point Grey 工业相机。使用 Point Grey 工业相机的优点是：可靠性较好，可以长时间工作而不出现故障。由于全景相机是由多部独立相机组合而成，如果其中一部相机出现故障，则整个拍摄系统就无法工作，因此对相机可靠性要求非常高。Point Grey 工业相机的另外一个优点是具有完善的控制接口，可以通过统一控制将各相机的同步误差控制在 1 ms 以内。

Facebook 计划在 2016 年对 Surround 360 开源，将在 Github 上公开该产品的源代码及硬件设计方案，以便各界开发者能针对源代码设计出功能更加丰富的全景视频制作工具，其他厂商和开发者可以借助 Facebook 的设计来打造他们自己的全景摄像相机产品。

（4）诺基亚 OZO

诺基亚 2015 年在洛杉矶发布了其虚拟现实相机 OZO，该产品具备实时全景视频预览，无线遥控，视频直播以及 360°的全景音频录制等功能，如图 5-6 所示。

OZO 配备 8 枚摄像头，分布在球型机身的四周，同时集成 8 颗嵌入式麦克风，隐藏在每枚镜头附近。通过这种方式，该设备可以拍摄全景音视频，让用户获得最真实的虚拟现实体验，见表 5-3。

图 5-6　诺基亚 OZO 外观

表 5-3　OZO 技术规格

| 项目 | 具体参数 |
|---|---|
| 尺寸和重量 | 尺寸：264mm×170mm×160mm；重量：4.2kg |
| 摄像头参数 | 2K×2K分辨率，F/2.4，30.00 f/s，视场角195° |
| 视频输出分辨率 | DPX，8K×4K 10bit RGB color spacet |
| 视频格式 | MOV wrapped OZO Virtual Reality 8Ch raw Video，8Ch PCM Audio |
| 音频输出 | 360°全景音频，64dB S/N，120dB max SPL |
| 内置存储 | 500GB，SSD |
| 电源 | 内置锂电池充电，外接12VDC |
| 无线遥控 | 802.11无线局域网 |

诺基亚将 OZO 的目标市场定位为电影、传媒、广告等行业，对于这些行业来说，该产品具有以下优势。

（1）实时监控功能。导演可以即时预览全景视频的拍摄画面。

（2）快速回放功能。导演不用等待后期拼接制作完成之后才能预览全景视频，OZO 可以即时以较低分辨率回放全景视频片段。

诺基亚在推出 OZO 的同时推出了端到端全景视频制作解决方案。诺基亚已经与影片制作公司 Deluxe 建立合作伙伴关系，后者将负责 OZO 全景视频内容后期制作服务，其中包括编辑、拼接和调色等。用户可以通过如 Oculus 或 HTC Vive 这样的虚拟现实头盔从 YouTube 上观看 OZO 拍摄的视频。诺基亚的目标是让 OZO 形成自己的生态系统，进而影响整个电影行业。

### 5.2.2.3　电影级视频拍摄产品

电影是对画质要求最高，艺术效果要求最强的视频类艺术表现形式。和其他拍摄设备相比，电影的拍摄设备在画质和成像质感方面存在无以伦比的优势。例如 Red Epic Dragon 摄影机能够以 60 帧 /s 的帧速、在 6K 分辨率（6144×3160）下录制超高清视频。

全景视频需要给观众营造完全的沉浸感，而高清晰画质是营造沉浸感的前提条件，采用电影级的视频拍摄设备来录制全景视频成为业界关注的热点。目前业界普遍采用基于 Red Epic Dragon 摄影机的多目拼接方案作为电影级的全景视频拍摄产品。

NextVR 是一家专注于超高清全景视频直播的公司，在业界最先采用 6 台 Red Epic Dragon 摄影机进行全景视频拍摄，如图 5-7 所示。

图 5-7　NextVR 采用的电影级拍摄设备

电影级全景视频拍摄产品在成像画质等方面具有巨大的优势，但其成本高昂，对摄影师的专业要求也较高，应用场景有限。

### 5.2.3 全景视频缝合产品

#### 5.2.3.1 后期视频缝合软件

后期视频缝合软件的主要用途是在全景视频完成拍摄后，导入各镜头的视频素材进行后期缝合处理。典型的后期缝合软件是 Kolor Autopano Video，如图 5-8 所示。该软件具有友好的用户界面，主要功能包括同步、缝合和输出。

图 5-8　Kolor Autopano Video 使用界面

（1）同步

支持两种自动同步模式，基于声音的同步和基于动作的同步。用户还可以在软件中，对自动检测到的同步结果进行手动调整，以获得最优的同步效果。

（2）缝合

支持基于 SIFT 算法的自动缝合，支持基于特定视频帧对缝合效果进行手动编辑，包括编辑各视频的交叠区域、手动匹配特征点等。

（3）渲染输出

不降低原始视频分辨率和尺寸，支持对视频进行无损输出，支持对渲染融合设置的手动修改，支持多种音视频编码格式，支持基于 GPU 的渲染加速。

### 5.2.3.2　实时视频缝合系统

视频直播已经成为移动互联网最火热的领域，基于全景的 360°视频直播更因为其身临其境的浸入式体验受到用户的欢迎。在进行全景视频直播时，多路相机拍摄到的画面需要实时缝合为 360°全景视频。

Video Stitch 公司的 VahanaVR 是具有代表性的实时视频缝合软件。基于 Vahana VR 的实时视频缝合系统如图 5-9 所示。该系统由三部分组成：原始视频输入接口、实时缝合处理模块和视频输出接口。

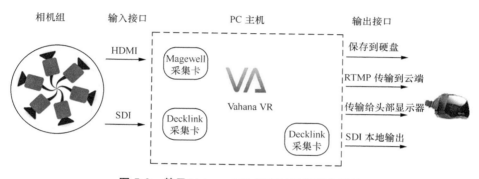

图 5-9　基于 Vahana VR 的实时视频缝合系统

## 5.3　用户终端典型产品

### 5.3.1　典型用户终端产品概述

一个典型的虚拟现实用户终端产品，主要包括三个组成部分：输入设备、输出设备和计算处理软硬件系统。

输入设备的主要功能是捕捉用户在体验虚拟现实内容时所呈现的眼部、头部、手部和全身等动作交互信息，并将之输入到虚拟现实信息处理软硬件系统中，以实现虚拟现实内容与用户更好的交互。

输出设备的主要功能是将虚拟现实系统所展现的视觉、听觉、触觉等信息呈现给用户，实现用户对虚拟现实系统所营造虚拟世界的全方位感知。

计算处理软硬件系统的主要功能是通过高速计算，将虚拟现实内容系统构建的虚拟世界展现出来。因此主要包括计算芯片、操作系统以及虚拟现实内容呈现软件等。

随着移动互联网和智能终端技术的发展，目前输入设备、输出设备和计算处理系统均在虚拟现实终端产品中高度集成。

当前，用户终端的主要形式为头戴式显示器（Head Mounted Display，HMD），根据承载的计算和显示功能的差异，其可分为三类：头戴式眼镜盒子、外接式头戴式显示器、头戴式一体机，见表 5-4。

表 5-4　虚拟现实终端分类

| 三类典型设备 | 使用方式 | 功能描述 | 典型代表 |
| --- | --- | --- | --- |
| 头戴式眼镜盒子 | 插入智能手机使用 | • 手机为计算和显示设备<br>• 眼镜盒子主要承担3D立体显示功能 | 谷歌Cardboard |
| | | • 手机为计算和显示设备<br>• 眼镜盒子主要承担3D立体显示、位置追踪与捕捉功能 | • 三星Gear VR<br>• 谷歌Daydream |
| 外接式头戴式显示器 | 连接PC或游戏主机使用 | • PC主机为计算设备<br>• 头戴式显示器为核心显示输出设备<br>• 支持动作追踪与捕捉 | • Oculus Rift<br>• HTC Vive |
| | | • 游戏主机为计算设备<br>• 头戴式显示器为核心显示输出设备<br>• 支持动作追踪与捕捉 | 索尼 PlayStation VR |
| | | • 支持PC、手机等多种平台作为计算设备<br>• 头戴式显示器为核心显示输出设备<br>• 支持动作追踪与捕捉 | OSVR |
| 头戴式一体机 | 独立使用 | 一体机头戴式显示器集成了计算、显示、头部运动追踪等功能 | 大朋VR一体机 |

这三种形态的终端应用场景并不相同。头戴式眼镜盒子和头戴式一体机均是便携式虚拟现实终端，头戴式眼镜盒子性价比高，可为用户手中已有的智能手机

带来虚拟现实服务；一体机专门为虚拟现实设计，集成了虚拟现实的所有软硬件，用户体验更优。外接式头戴式显示器可以利用游戏主机或者 PC 强大的运算功能，带来流畅的极致虚拟现实体验，适用于家庭和主题馆等固定场所。

业界相关公司均希望面向开发者和用户的需求，基于虚拟现实终端软硬件系统，打造全新的虚拟现实生态系统，推动虚拟现实成为下一个计算平台。

## 5.3.2　头戴式眼镜盒子

### 5.3.2.1　谷歌 Cardboard

Cardboard 是美国互联网巨头谷歌推出的简易虚拟现实终端，如图 5-10 所示。它最初是谷歌法国巴黎部门的两位工程师大卫·科兹（David Coz）和达米安·亨利（Damien Henry）的创意，他们利用谷歌"20% 时间"规定，花了 6 个月的时间，打造出这个实验项目。

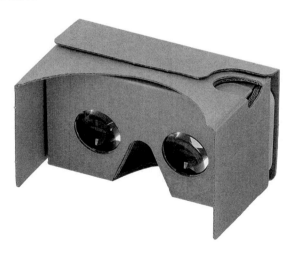

图 5-10　Cardboard 产品

（1）产品介绍

Cardboard 是由纸板、双凸透镜、磁石、魔力贴和橡皮筋等简单部件组成。谷歌基于开源思路，将设计规范和制作步骤分享给到互联网，其他 OEM 厂商或者用户都可以用非常低廉的价格来生产或销售 Cardboard 纸盒。任何人都可以根据说明，购买部件自己组装 Cardboard。

用户购买或者自己制作好 Cardboard 盒子后，首先需要下载 Cardboard 应用或者第三方虚拟现实应用，将手机里的内容进行分屏显示；然后将正在运行虚拟现实应用的智能手机，放置于 Cardboard 盒子中。用户佩戴上 Cardboard 后，通过安装于 Cardboard 的凸透镜，就可以观看到具有 360°虚拟现实沉浸感的画面，通过使用手机摄像头和内置的陀螺仪，在移动头部时让眼前显示的内容产生相应变化，从而在虚拟现实环境下观看 YouTube、谷歌街景或全景视频等内容。

Cardboard 需要与智能手机搭配，才能提供完整的虚拟现实体验。虚拟现实应用安装和运行于智能手机，因此智能手机首先是计算设备。同时，虚拟现实应用还在智能手机上显示，因此智能手机还是显示输出设备。Cardboard 中的凸透镜，对智能手机上显示的画面进行放大和 3D 显示处理，Cardboard 也承担了部分显示输出功能。

此外，智能手机中的陀螺仪等惯性传感器，还承担了动作捕捉的功能。当佩戴者的头部发生转动后，智能手机中的惯性传感器就能检测到这些转动，并将这些转动反馈给虚拟现实应用。虚拟现实应用根据这些转动信息，调整显示输出画面，以实现人和虚拟现实应用的交互。

（2）生态系统

Cardboard 为谷歌搭建其虚拟现实生态系统打开了大门。Cardboard 的计算、存储和交互能力都基于安卓系统和智能手机，谷歌以安卓的生态为基础，建立垂直化的虚拟现实生态，具有较大的先发优势。

谷歌鼓励开发者在 Play 商店里发布虚拟现实应用，2016 年谷歌最新数据表明 Cardboard 出货量超过 500 万部，谷歌 Play 应用商店里支持 Cardboard 的虚拟现实应用数量超过 1000 个，应用领域涵盖新闻、教育、电影、营销、游戏等多个方面，应用下载数量超过 5000 万次。

谷歌通过多种方式，在虚拟现实领域的上下游进行了生态布局，以促进 Cardboard 的发展。

2015 年 3 月，谷歌旗下视频网站 Youtube 宣布支持 360°视频的上传和播放，此举解决了全景视频的上传渠道和播放内容源问题。

2015 年 5 月，谷歌与著名运动相机品牌商 Gopro 合作，联合打造了 360°全景摄像机 Odessey。它可以使用户实现 360°全景拍摄，拍摄的原始视频经过 Jump 应用转换后，会生成非常逼真的 3D 虚拟现实视频，被称为"完整的虚拟现实录制生态系统"。

2015 年 5 月，谷歌推出谷歌 Expeditions（谷歌探险项目）。该项目利用低成本的 Cardboard 虚拟现实设备，让老师带领学生在课堂上进行虚拟环球旅行，目的是探索虚拟现实技术在教育行业中的应用。

（3）小结

Cardboard 的结构非常简单，因此仅能提供非常有限的虚拟现实体验。但同时它又具有操作简单、价格便宜等优点。Cardboard 是帮助用户了解虚拟现实及其体验的最佳初级入门设备。在 Cardboard 获得良好的市场反应的基础上，谷歌进一步布局虚拟现实生态，推出了 Daydream 虚拟现实平台。

## 5.3.2.2　谷歌 Daydream

谷歌在 2016 年 I/O 大会上宣布，将于 2016 年秋季推出了基于安卓的虚拟现实平台 Daydream。借助 Daydream 虚拟现实平台，谷歌希望通过相对统一的软硬件标准来保证统一的虚拟现实体验，这意味着用户不管用的是什么设备或者软件，虚拟现实的效果都是比较一致流畅的。

（1）产品介绍

谷歌 Daydream 平台主要包括眼镜盒子、手柄和智能手机，如图 5-11 所示。其中智能手机负责运行虚拟现实应用所需的计算、显示等功能。谷歌在安卓的最新操作系统（Android N）中，内置了"VR 模式"，当手机进入 VR 模式运行时，手机将转换到横屏显示状态，同时将屏幕刷新帧率维持在 60 帧 /s，确保用户在虚拟现实环境下的最优体验。

眼镜盒子承担固定智能手机，以及将智能手机显示的图像进行放大和 3D 立体显示的功能。手柄负责追踪和捕捉用户的动作，在虚拟现实环境下完成人机交互功能。该手柄集成了陀螺仪、加速计等惯性测量单元，提供了触摸板和按钮供用户控制，实现了对用户手部动作的追踪和捕捉功能。

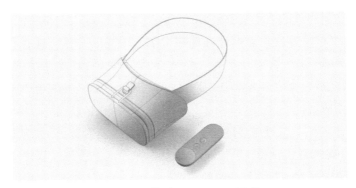

图 5-11　谷歌 Daydream 示意

（2）生态系统

谷歌已经初步建立了包括移动手机、眼镜盒子、手柄、开发者工具和应用分发平台的虚拟现实生态系统[1]。

由于 Daydream 的定位是高性能、低延迟的虚拟现实平台，许多低端配置的安卓手机被排除在外，因此谷歌推动各大终端厂家发售符合"Daydream Ready"的智能手机，为虚拟现实提供基础计算和存储设备。

谷歌将开源眼镜盒子和手柄的参考设计，让更多的厂商可以按照谷歌的标准研发虚拟现实产品。谷歌发布了可集成在 Unity、安卓等环境中的开发者工具，让开发者在自己最熟悉的开发环境中开发虚拟现实应用。

同时，针对虚拟现实内容相对缺乏的现状，除了在谷歌自有的应用商店和 Youtube 上大规模推广虚拟现实外，谷歌将和《华尔街日报》等各大新闻媒体、Netflix、Hulu 等点播视频服务商合作，一起推动 VR 内容的制作和发行。

（3）小结

随着 Daydream 平台的发布，谷歌的虚拟现实战略日趋丰满，凭借着谷歌在智能手机和移动互联网生态系统的优势和积累，众多的手机厂家和开发者将按照 Daydream 标准开发虚拟现实产品和应用。业界巨头的加入，将给虚拟现实行业带来更大的信心，进一步推动虚拟现实产品走向更多的消费者。

## 5.3.2.3　三星 Gear VR

Gear VR 是三星（Samsung）公司与美国虚拟现实头戴式显示器标杆厂商

Oculus 合作打造的一款适用于智能手机的虚拟现实终端，如图 5-12 所示。

图 5-12　Gear VR 产品

（1）产品介绍

Gear VR 并不能成为一个独立的虚拟现实体验系统，它需要与智能手机结合才能提供完整的虚拟现实体验。Gear VR 首先需要将 Gear 虚拟现实应用安装于智能手机上，然后把智能手机放置于 Gear VR 手机盒子里，通过盒子内的 USB 接口与智能手机相连，这时候手机就会检测到已进入 VR 模式，然后自动启动虚拟现实应用程序。

在 Gear VR 中，智能手机承担运行虚拟现实应用所需的计算、显示等功能。Gear VR 盒子承担固定智能手机，以及将智能手机显示的图像进行放大和 3D 立体显示的功能。

Gear VR 内置了 1000Hz 采样率的陀螺仪和加速计，用来追踪佩戴者的头部运动，随着头部位置的变动来调节并同步显示画面。

但是这些传感器仅能检测头部转动的方向，比如从左到右，从上到下，顺时针或逆时针，并不能检测到身体位置的变化及身体的运动，这限制了 Gear VR 利用用户的全身体感带来更深层次的虚拟现实体验。

Gear VR 并不具备计算和显示的功能，它的计算和显示功能由智能手机来完成。因此，智能手机是计算和显示输出设备。Gear VR 的透镜承担了将智能手机显示输出的画面进行放大和 3D 显示的功能，因此它与智能手机一起构成了一个完整的显示输出系统。同时，Gear VR 内置的惯性测量单元，能够捕捉用户的头部转动信息，因此 Gear VR 还是输入设备。

Gear VR 目前共支持 6 款三星 Galaxy 系列智能手机，分别是：Galaxy S6、Galaxy S6 Edge、Galaxy S6 Edge+、Note5、Galaxy S7、Galaxy S7 Edge。

（2）生态系统

Gear VR 已经初步打造了较完备的生态系统。

在生态系统方面三星和 Oculus 深度合作，Gear VR 内置 Oculus 商店，可以从 Oculus 商店下载应用程序、游戏、视频等，给用户带来持续更新的虚拟现实内容体验。Gear VR 借力 Oculus 打造了较完整的虚拟现实生态体系，包括内容生产工具、内容分发平台以及产业合作资源等。

同时，三星集团的全产业链布局，以及强大的品牌优势，完善的市场体系，都能够助力 Gear VR 的成长。三星公司还开发了 Gear 360°全景摄像机等周边产品，围绕 Gear VR 丰富其产品体系，从内容生产等角度入手完善其使用流程。

（3）小结

Gear VR 凭借三星集团在芯片设计制造、显示器的设计制造、整机的设计制造等产业链环节的优势和技术积累，在产品层面具有较强的技术优势和较好用户体验。同时，Gear VR 的生态系统已初具规模。

由于 Gear VR 本身的形态限制，依然存在诸多不足，这些不足也是目前头戴式眼镜盒子类终端产品的共同问题。

- 多任务并行存在不足

使用 Gear VR 时，你无法接打电话、收发信息，你能做的就是专心致志地看 3D 电影或者欣赏其他虚拟现实内容。如果需要接听电话、收发信息等，需要从 VR 体验中退出来，这样就必须中断 VR 体验，导致体验连续性较差。出现这种问题的主要原因是缺乏更自然的交互方式以及并行体验。

- 交互体验有待提高

Gear VR 除了内置的陀螺仪、加速度计等传感设备用来捕捉用户头部的位置变化之外，并没有其他辅助传感器，无法捕捉用户的其他运动状态及位置变化。除了基本的头部动作之外，Gear VR 缺乏完整外部交互解决方案，这将极大地限制 Gear VR 带来更深层次的虚拟现实体验。

- 内容仍待进一步丰富

尽管三星公司和 Oculus 在尽力丰富和完善虚拟现实内容生产工具以及内容生产，但仍然处于早期阶段，能够体验的内容仍然有限。从发布的数据来看，截至

2016 年 2 月 17 日，在 Oculus 应用商店中，仅拥有 185 个可用的 Gear VR 应用。体验内容的不足，将极大地限制人们对虚拟现实设备的兴趣。

## 5.3.3 外接式头戴式显示器

### 5.3.3.1 Oculus Rift

Oculus Rift 头戴式显示器（参见图 5-13）的发明者是帕尔默·洛基（Palmer Luckey）。据说早在 17 岁时，洛基就在美国加州自己家的车库里发明了 Oculus 的原型机。2012 年，洛基在 Kickstarter 众筹平台上推出了 Oculus，并一举获得了高达 250 万美元的投资。

图 5-13 Oculus Rift 头戴式显示器

2014 年，Facebook 创始人扎克伯格在使用 Oculus Rift 后，坚定地认为其代表着下一代的计算平台，并用 20 亿美元的价格将其收购。

（1）产品介绍

在经过多个开发者版本的迭代后，2016 年 1 月 7 日，Oculus 公司正式面向大众消费者，开放预售 Oculus Rift 头戴式显示器的消费者版 Oculus Rift CV1。售价 599 美元，包含一个 Rift 头戴式显示器、红外光学摄像头、Xbox One 手柄以及

Oculus Remote 遥控器。

　　Oculus Rift 本身并不能成为一个独立的虚拟现实系统，其系统构成主要包括 PC 主机、头盔、Oculus Touch 手柄和运动追踪系统等。

　　PC 主机是计算设备，虚拟现实内容安装并运行于 PC 主机上。由于虚拟现实内容包含大量三维模型，计算量非常大，对 PC 主机的 CPU 及 GPU 等性能提出了较高的要求。

　　头盔是核心显示输出设备。PC 主机运行计算后的内容图像画面，经过标准的数据传输接口传输给头盔显示。

　　头盔的显示系统由两部分构成：AMOLED 屏幕和菲涅尔透镜（参见图 5-14）。AMOLED 屏幕主要用于显示画面，透镜主要目的是帮助用户看清 AMOLED 屏幕显示的画面。Oculus Rift 显示输出系统的性能非常出色，双眼分辨率达到 2160×1200，刷新率达到 90Hz，视场角达到 110°。高性能的显示系统，保证了用户的沉浸感体验，减少了使用时的眩晕感。

图 5-14　Oculus Rift 显示系统外观

　　Oculus Touch 手柄是输入设备，如图 5-15 所示。Oculus Touch 采用了类似手环的设计，允许摄像机对用户的手部进行追踪，传感器也可以追踪手指运动，同时还为用户带来便利的抓握方式。如果用户需要展开手掌，借助手环的支撑，手柄仍然可以保持原位。用户通过 Touch 手柄可以在虚拟现实环境中模拟人手部的操作，实现对虚拟现实内容的控制与操作。

图 5-15　体验者使用 Oculus Touch 时的场景

运动追踪系统是输入设备。为了能够精确地追踪用户头部及手部位置的变化，Oculus 特意打造了名为星座的运动追踪系统（Constellation Tracking System）。红外光学摄像头是该系统的重要设备，如图 5-16 所示。

图 5-16　星座追踪系统中的光学摄像头

Oculus 的运动追踪系统使用红外光学摄像头，内置在头盔及手柄中的微型 LED 灯（参见图 5-17）及头盔和手柄中的惯性测量单元，追踪用户头部和手部的位置变化。这些变化信息最终被输入到虚拟现实应用程序中，应用程序根据这些变化，向用户呈现相应的显示输出画面。

图 5-17　Oculus Rift 中内置的 LED 灯

Oculus Rift 需要配合高性能 PC 使用，其具体硬件配置和对 PC 的配置要求见表 5-5。

表 5-5　Oculus Rift 配置信息

| 指标 | 具体信息 |
| --- | --- |
| PC主机配置要求 | GPU：NVIDA GTX 970/AMD 290级别或更高<br>CPU：英特尔i5-4590或更高<br>RAM：8GB以上内存<br>视频输出：兼容HDMI1.3视频输出<br>USB接口：2个USB3.0端口<br>操作系统：Windows7 SP1或者更新版本 |
| Oculus配置信息 | 显示屏：AMOLED<br>光学透镜：菲涅尔透镜<br>双眼分辨率：2160×1200<br>刷新率：90Hz<br>视场角：110°<br>输入手柄：Oculus Touch和Xbox手柄<br>位置追踪：红外光学摄像头，LED，惯性测量单元 |
| 延迟 | 20ms |
| 内容平台 | Oculus Home |

（2）生态系统

除了推出 Oculus Rift 终端产品，Oculus 发布了 PC 软件开发者工具包（SDK）。SDK 中包含 Oculus 电影院、Oculus 360°全景照片浏览器、Oculus 360°全景视频播放器等组件，并不断地持续优化，这为应用开发者的开发提供了很好的方向性指导和开发便利。Oculus 打造了 Oculus Home 作为其内容分发提供平台。

Oculus 成立影视工作室（Story Studio），专门创作采用虚拟现实技术的电影，探索将虚拟现实技术应用于影视行业所涉及的技术、流程、方法等相关知识。Oculus 与全美排名第一的流媒体服务商 Netflix 达成战略合作，Netflix 成为第一家入驻 Oculus VR 商店的 OTT 服务提供商，合作内容包括 Netflix 的在线视频、游戏以及电影。

同时，Oculus 和三星深度合作，Gear VR 内置了 Oculus Home 内容平台，Oculus 通过三星的智能手机进一步拓展了其生态系统的影响范围。目前，Oculus 已经打造了较完善的虚拟现实生态系统。

（3）小结

Oculus Rift 在品牌、技术积累和生态系统方面具有较大的优势，主要体现在以下三个方面。

- 强大的品牌优势

Oculus 凭借一己之力，将虚拟现实的概念再次拉回大众视野。Facebook 公司创始人扎克伯格更是对其寄予厚望，在多种场合不遗余力地宣传。多次开发者版本的发售，让其成为虚拟现实的代名词。强大的品牌优势，将能够有效助力 Oculus Rift 走向大众家庭。

- 深厚的技术积累

Oculus 公司在光学显示系统设计、系统集成等方面具有深厚的技术积累和人才积累，这些都是设备良好体验最重要的基础。三星和 Oculus 合作推出 Gear VR 也是对 Oculus 技术实力认可的体现。

- 完善的生态布局

如前文所述，Oculus 已经在开发者工具、内容分发平台和内容制作等方面进行了较完善的布局，已经初步建立了较完善的虚拟现实生态系统。

虽然 Oculus 在用户体验、生态布局等方面均具有一定优势，但虚拟现实仍然处于发展初期，Oculus 仍然面临一定的挑战。

- 系统安装门槛高

由于 Oculus Rift 仅作为显示输出设备，虚拟现实系统涉及的计算依赖于计算机（PC）主机，而虚拟现实系统涉及的计算又具有计算量大、实时性要求高等特点，因此对 PC 主机的 CPU、GPU 等核心计算芯片提出了很高的要求。如果 PC 主机的 CPU、GPU 等核心计算芯片的关键参数达不到虚拟现实系统的要求，将严重影响用户的虚拟现实体验。

根据显卡设备供应商英伟达的数据显示，当前全球共有约 1300 万台 PC 集成了能支持虚拟现实系统的显卡芯片。咨询公司 Gartner 的监测数据显示，到 2016 年全球在用的 PC 总数约为 14.3 亿台。可以简单计算得出，这些能够支持虚拟现实系统的最高端 PC 的占比还不到 1%。由此可见，能够满足 Oculus Rift 需求的 PC 主机数量还较少，这将限制用户对 Oculus Rift 的购买意愿。

- 价格较高昂

据美国虚拟现实情报公司 Greenlight VR 针对美国消费者的调查显示，价格是消费者决定是否购买 VR 设备的最主要因素，60% 的受访者表示最高愿意支付 400 美元购买 VR 设备，31% 的人愿意支付 200~399 美元，而只有 11% 的受访者可接受高于 1000 美元的价格。Oculus 消费者版本的售价高达 599 美元，加之对 PC 的高性能要求，如果要想获得高质量的体验，还需要更换 PC，这将进一步加大用户的使用成本。Oculus 官方推荐的 PC+Oculus Rift 组合价格更是高达 1500 美元。高昂的使用成本，将限制其走向大众的普及速度。

- 体验内容有待进一步丰富

据 Oculus 预测，截至 2016 年年底，市面上将拥有超过 100 款适配 Rift 头戴式显示器的游戏，其中包括 20 款以上是 Oculus 平台的独占游戏。和 PC、手机等传统游戏平台动辄上千款游戏相比，通过 Oculus 可以体验的内容还严重不足。

### 5.3.3.2　HTC Vive

HTC Vive 是智能手机厂商 HTC 与 PC 游戏分销商 Valve 合力打造的一款外接式头戴式显示器终端产品，如图 5-18 所示。

图 5-18　HTC Vive 头盔

2016 年 2 月 29 日，虚拟现实设备 HTV Vive 开始预售。国内零售价格为 6888 元，包含了头戴式显示器、手柄以及大范围位置跟踪设备 Lighthouse，并同时附送三个内容，分别是：智力解谜游戏"Fantastic Contraption"，模拟经营类游戏"Job Simulator"以及立体作画软件工具"Tilt Brush"。

（1）产品介绍

HTC Vive 本身并不能成为一个独立的虚拟现实系统，需要与 PC 主机、Lighthouse 基站、Vive 手柄等一起搭配使用，才能提供完整的虚拟现实体验，如图 5-19 所示。

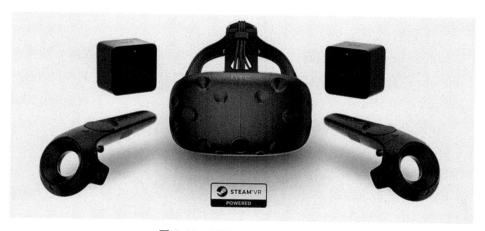

图 5-19　HTC Vive 及周边产品

和 Oculus Rift 类似，PC 主机是核心计算设备。虚拟现实内容安装并运行于 PC 主机上，PC 主机执行计算功能。HTC Vive 头戴式显示器是核心显示输出设备。PC 主机运行的虚拟现实内容画面，通过标准的视频输出接口（如图 5-20 所示）传输到 HTC Vive 头戴式显示器上显示，因此头戴式显示器主要承担光学显示的功能。

图 5-20　HTC Vive 的标准视频输出接口

HTC Vive 光学显示输出系统的性能非常出色，双眼分辨率达到 2160×1200，刷新率达到 90Hz，视场角达到 110°。高性能的显示系统，保证了用户的沉浸感体验，在使用时几乎没有眩晕感。

Lighthouse 光学位置追踪技术是 HTC Vive 相比于 Oculus Rift 最大的区别。Lighthouse 的检测范围达到 4.5m×4.5m，也即用户可以在该范围空间内自由移动，Lighthouse 都能精确地检测到用户的位置变化及运动状态变化，这就是 HTC Vive 一直强调的房间级（Room-Scale）体验。

Lighthouse 由 Vive 手柄控制器、Lighthouse 基站以及内置在头盔和手柄上的光敏传感器构成，如图 5-21 所示。

Lighthouse 基站是 Lighthouse 系统的重要组成部分。每个基站里都有一个红外 LED 阵列，以及两个转轴互相垂直的 X 轴和 Y 轴红外激光发射器，如图 5-22 所示。

**图 5-21　HTC Vive 的 Lighthouse 系统**

**图 5-22　HTC Vive 基站内部结构**

Lighthouse 基站以 20ms 为周期对玩家的位置进行追踪。在第一个 10ms 内，$x$ 轴的旋转激光扫过玩家自由活动区域，$y$ 轴不发光；下一个 10ms 内，$y$ 轴的旋转激光扫过玩家自由活动区域，$x$ 轴不发光。

和激光发射器配合工作的是 HTC Vive 头盔和 Vive 手柄上安装的光敏传感器。在基站的 LED 闪光之后，光敏传感器就会与基站开始同步信号。光敏传感器可以测量出 $x$ 轴激光和 $y$ 轴激光分别到达传感器的时间从而计算传感器相对于基站 $x$ 轴和 $y$ 轴的角度。同时，分布在头盔和 Vive 手柄上的光敏传感器的位置是已知的，于是通过各个传感器的位置差，就可以计算出用户头部和手部的位置及运动轨迹。

在 HTC Vive 头盔和手柄中，还内置了陀螺仪和加速度计等惯性测量单元，能够检测到用户头部和手部的运动状态。它们与 Lighthouse 系统一起配合，可以提升定位及运动状态捕捉的精度。

同时，用户通过 Vive 手柄能够模拟人手以及人手执行的操作，结合 Lighthouse 系统对 Vive 手柄的精确定位和追踪，就能够实现人与虚拟现实内容的交互。

HTC Vive 还有一个人性化的配置就是前置摄像头。为了防止用户在体验虚拟现实的过程中，因为看不清周围真实环境，而撞到墙或被障碍物绊倒等行为的发生，Vive 头盔的正面安装了一个广角前置摄像头，如图 5-23 所示。该摄像头会把现实世界中的障碍物转化到虚拟环境当中，以避免碰撞或绊倒等行为的发生。

图 5-23　HTC Vive 的前置广角摄像头

表 5-6 汇总了 HTC Vive 的产品配置及对 PC 的要求。

表 5-6　HTC Vive 配置信息

| 指标 | 具体信息 |
| --- | --- |
| PC 主机配置要求 | GPU：NVIDA GeForce GTX 970/AMD Radeon R9 290 或更高<br>CPU：Intel i5-4590/AMD FX 8350 同档或更高配置<br>RAM：4GB 或更多<br>视频输出：HDMI 1.4，Display Port 1.2 及以上<br>USB 接口：1 个 USB2.0 及以上<br>操作系统：Windows7 SP1 或者更新版本 |
| Vive 配置信息 | 显示屏：AMOLED<br>光学透镜：菲涅尔透镜<br>双眼分辨率：2160×1200<br>刷新率：90Hz<br>视场角：110°<br>位置追踪：Lighthouse 位置追踪系统<br>手柄：Vive 控制器 |
| 延迟 | 22ms |
| 内容平台 | Steam VR/Viveport |

（2）生态系统

HTC Vive 是 HTC 与游戏公司 Valve 合力打造的一款设备，因此 HTC Vive 的背后有着极其强大的 Valve 生态和 HTC 生态。

HTC 较早就在智能手机行业布局，虽然最近几年智能手机销量并不理想，但是其在智能手机行业积累的供应链控制能力、整机集成设计能力、产品分销能力都可以复制到 HTC Vive 的产品研发设计、生产制造及分销中。

HTC Vive 基于 Valve 公司的 Steam VR 技术，内容发行依赖于 Valve 公司的 Steam 平台。Valve 是世界上最大的 PC 游戏分销商之一，拥有从游戏生产、分销、运营的完整产业能力，在全球拥有 1.25 亿用户，凭借其在 PC 游戏领域的产业资源，可以快速地为 HTC Vive 搭建起完善的内容体系。

同时，为了进一步推动虚拟现实的内容开发，HTC 发起成立亚太虚拟现实产业联盟，将投资 1 亿美元支持孵化虚拟现实内容创作者。Vive 为开发者提供了上千套的开发者套件。目前，全球 Vive 应用开发者已经有上千家，国内有超过 200 家。

（3）小结

HTC Vive 在市场口碑、生态布局等方面具有多项竞争优势。

- 良好的体验及市场口碑

HTC Vive 具有良好的光学显示、用户动作追踪及捕捉体验，使得 HTC Vive 受到用户的广泛欢迎。HTC Vive 消费者版迎来"开门红"，上架 10 分钟预订数量就超过 15000 台。同时 HTC Vive 获得多项媒体和展会大奖，在 2016 年 CES（International Consumer Electronics Show）大展上获得由科技媒体 Tech Rader 评选的"最佳编辑选择"、科技媒体网站 The Verge 评选的"最佳 VR 设备"、消费电子新闻网站 Engadget 评选的"最佳游戏设备"等 21 项大奖。

- 完善的生态布局

如前文所述，HTC Vive 借助 HTC 公司在智能手机领域的积累和 Valve 公司在游戏和数字内容发行方面的优势，已经建立了从内容到终端的虚拟现实生态系统。

- 线上线下协同的体验和销售体系

鉴于虚拟现实行业仍然处于初级阶段，大部分用户对现实体验非常陌生的现实，HTC 一方面采取线上预订和销售的方式来满足先锋用户线上购买的需求，另一方面，又在全国开设体验店并和网吧等游戏体验场所合作，向用户普及虚拟现实体验，推广 HTC Vive，提高 HTC Vive 的市场知名度和品牌影响力。HTC Vive 计划 2016 年在全国开设超过百家线下体验店，并和拥有超过 10 万家网吧的顺网科技签署合作，进驻顺网科技在全国各地的首发平台。

当前 HTC Vive 依然存在诸多的不足，这些不足将对其市场化探索产生不利的影响，主要包括以下方面。

- 系统安装门槛高

和 Oculus 类似，HTC Vive 需要与 PC 主机配合使用才能提供完整的虚拟现实体验。由于虚拟现实应用对计算、图形现实等要求较高，因此对 PC 主机的 CPU、GPU 等性能均提出了很高的要求。如果 PC 主机性能达不到规定的要求，将极大地限制虚拟现实应用的体验效果。当前能够满足虚拟现实需求性能指标的 PC 主机数量较少，这将极大地限制用户的购买意愿。

- 价格较高昂

HTC Vive 消费者版本的零售价格高达 799 美元，加之对 PC 的高性能要求，如果要想获得高质量的体验，还需要更换 PC，这将进一步加大用户的使用成本。

高昂的使用成本，将限制其走向大众的普及速度。

- 体验内容有待进一步丰富

尽管 HTC Vive 背靠 Valve 的强大生态，但毕竟整个虚拟现实产业仍然处于早期发展阶段，体验内容的欠缺将会是虚拟现实发展初期遇到的普遍问题。

### 5.3.3.3　索尼 PlayStation VR

索尼（Sony）公司是全球领先的家庭游戏主机设备商，产业布局涵盖游戏发行和运营，以及家庭游戏主机的研发、设计、制造。公开数据显示，截至 2015 年底，家庭游戏主机 PS4 累计销量超过 3000 万台，是 2015 年全年美国销量最好的游戏主机，从家庭游戏主机的超高销量即可看出其在家庭主机游戏市场的领先地位。

虚拟现实是下一代的人机交互和计算平台，对游戏体验将带来颠覆性的影响。索尼公司当然不会错过这样一次产业浪潮。在 2014 年 GDC（Game Developers Conference，游戏开发者大会）上，索尼第一次向外界介绍了 PlayStation VR（简称 PS VR）项目，那时候的项目代号还是 Project Morpheus。经过两年的研发积累，在 2016 年 GDC 大会上，索尼宣布 PS VR 消费者版本计划在 2016 年 10 月发货，售价为 399 美元，如图 5-24 所示。

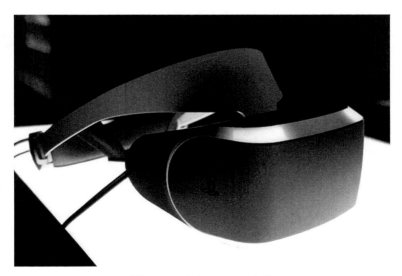

图 5-24　索尼 PS VR 产品

（1）产品介绍

与 Oculus Rift 和 HTC Vive 等其他外接式头戴式显示器依赖于 PC 不同，索尼 PlayStation VR 将 PS4 游戏主机作为其核心计算设备。虚拟现实内容安装并运行于 PS4 主机上，PS4 主机执行计算功能，并将运行的虚拟现实画面通过标准的数据接口传输给 PlayStation VR 头盔。

PlayStation VR 头盔是核心显示输出设备，光学系统由 OLED 屏幕和透镜组成。和 Oculus Rift 和 HTC Vive 相比，虽然在双眼分辨率（达到 1920×1080）、可视角度（100°）上稍微逊色，但是其刷新率达到 120Hz，远高于 Oculus Rift 和 HTC Vive 的 90Hz 刷新率。

PlayStation VR 采用 Move 运动位置追踪平台来捕捉用户的动作。该平台由 Eye 摄像机、Move 手柄以及特殊排列于 PlayStation VR 头盔内的 LED 发光体构成，如图 5-25 所示。

图 5-25　PlayStation Move 手柄

PlayStation VR 头盔内置了 9 个特殊位置排列的 LED 发光体，与 Eye 摄像头配合使用，可以实现 360°头部位置追踪。同时，PlayStation VR 头盔内置了加速传感器和陀螺仪，可以实现头部的动作捕捉。

如果要对用户的手部动作在三维空间中进行追踪和捕捉，则需要实现定位和捕捉两个关键功能。Move 手柄负责在三维空间中对用户的手部进行定位，技术原理是通过其顶部光球和 Eye 摄像头进行定位。当光球距离摄像头越远，光球投射到摄像头中的图像面积就越小。根据图像的大小可以精确计算其与摄像头之间的距离变化，从而确定在三维空间中的准确坐标。同时，Move 手柄内置了惯性测量单元，可以精确地捕捉用户手部的动作。

表 5-7 汇总了 PlayStation VR 的产品配置。

表 5-7　Sony PlayStation VR 产品信息

| 指标 | 具体信息 |
| --- | --- |
| 游戏主机配置要求 | PS4 游戏主机 |
| PlayStation VR 配置信息 | 显示屏：AMOLED<br>透镜：菲涅尔透镜<br>双眼分辨率：1920×1080<br>刷新率：120Hz<br>视场角：100°<br>位置追踪：Eye 摄像头<br>控制器：PS Move |
| 延迟 | 18ms |
| 内容平台 | PlayStation Network |

（2）生态系统

索尼公司在游戏主机市场耕耘多年，产业环节涵盖家庭主机游戏的发行、运营、设备研发和生产等，与大量的游戏开发商建立了合作关系，积累了丰富的游戏发行、运营经验，在家庭游戏主机研发和生产方面有非常深厚的技术积累，并建立了完善的家庭游戏主机供应链体系和销售渠道体系。

索尼已经建立了 PlayStation Network 的游戏内容分发和社交网络。用户可以通过 PlayStation Network 内的 PlayStation Store 购买游戏，通过 PlayStation Network 进行音视频聊天、展示战绩等社交活动。

索尼可以借助这些已有的资源、技术、经验积累以及市场体系，服务于 PlayStation VR 的研发、生产和市场推广，为 PlayStation VR 建设健康成熟的生态系统。

（3）小结

PlayStation VR 具有多项优势，这些优势将能够加快其走向大众消费市场的步伐，典型优势如下。

- 系统安装门槛低

PlayStation VR 头盔需要与 PS4 主机搭配使用才能提供完整的虚拟现实体验，因此 PS4 游戏主机的保有数量将为 PS VR 头戴式显示器的市场普及提供基础。截至 2015 年底，PS4 主机在全球拥有累计超过 3000 万台的保有量，这将极大地助力 PS VR 头盔的市场化。

PS4 主机的强大安装基础以及良好的市场口碑，也将帮助 PlayStation VR 在消费者人群中建立起认知基础。

- 亲民的价格

与 Oculus Rift 和 HTC Vive 高昂的价格比较起来，索尼 PS VR 399 美元的售价要亲民不少，并且可以直接运行在 PS4 游戏主机上。一台 PS4 游戏主机的价格在 300 美元左右，与高性能配置的 PC 主机价格比较起来，相对便宜一些。较低的设备成本，能够有效降低人们的使用门槛，激发人们的使用热情。

- 完善的生态布局

如前文所述，索尼在游戏领域已经建立了完善的生态系统，可以把游戏领域的生态系统优势复制到虚拟现实。

同时，PlayStation VR 与 Oculus 和 HTC 同样存在诸多不足，其中最大的问题是交互体验逊色于 Oculus 和 HTC。与 Oculus Rift 和 HTC Vive 专门精心打造的动作捕捉系统和动作捕捉设备相比较，PlayStation VR 采用传统的 Move 手柄来实现手部位置和运动的跟踪。相对于 Oculus Touch 和 HTC 的无线控制器，Move 手柄在跟踪精度、跟踪范围和交互方式的多样性等方面存在不足。

## 5.3.3.4　OSVR

OSVR（Open Source Virtual Reality）是雷蛇公司及其合作伙伴联合创建的一个虚拟现实开放式平台。OSVR 提供开源的 OSVR 软件平台和头盔开发套件。

（1）产品介绍

OSVR 提供了名为"骇客"的头盔开发套件，该套件主要由面板、主板、显示屏、光学模块和可拆卸面罩组成，如图 5-26 所示。

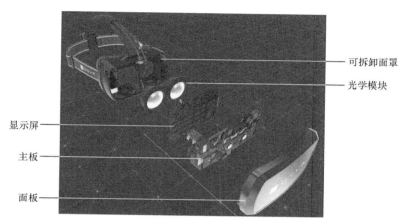

图 5-26　OSVR 的组成

面板部分配备了 100Hz 刷新率的红外线摄像头，内置了 Leap Motion 的手势追踪与捕捉技术，可以在虚拟现实环境中检测到用户的手部动作，用户可以直接使用双手实现更自然的互动。

主板部分整合了加速度计、陀螺仪等惯性测量单元，捕捉用户的头部运动，同时集成了 USB 3.0 接口可以用于内外部的设备扩展。

显示屏部分集成了分辨率为 1920×1080、刷新率为 120Hz 的 5.5 英寸 OLED 高清屏幕，显示帧率可达 60 帧 /s。

光学模块由高性能双透镜系统组成，具有低几何畸变的特点，具备焦距和瞳距调节。

可拆卸面罩根据人体工程学设计，具有竹炭纤维填充层，提供舒适的佩戴体验。

OSVR 提供了对 Window、Linux、MAC 和安卓系统的开发工具支持包，开发者可以基于 OSVR 开发适用于 PC 或者智能手机的外接式头戴式显示器，可以根据需要增加或修改硬件配置。

（2）生态系统

OSVR 希望通过开源策略，打造开放的虚拟现实生态系统，形成以标准化的软硬件为核心，覆盖内容、发行和服务的产业上下游生态链。

OSVR 已经适配了多种软硬件平台、应用开发环境及交互设备。在操作系统的支持方面，OSVR 已经支持 Windows、Linux、MAC 和安卓系统，支持移动端和 PC 机。在外接设备方面，由于 OSVR 集成了 VRPN（Virtual Reality Peripheral Network）的技术，可以支持将近 100 种输入及输出设备 [2]。

在内容制作方面，OSVR 开发了可集成在 Unreal、Unity、Steam 等游戏制作引擎的插件，广大开发者可在自己熟悉的环境中快速开发虚拟现实内容。

（3）小结

OSVR 的目标并不是推出一款产品，而是打造一个开源的虚拟现实生态系统。和其他虚拟现实产品相比，OSVR 优势在于其开放性的生态系统对产业链上下游合作伙伴的吸引力。但由于 OSVR 需要支持较多的软硬件平台及输入输出设备，整体开发和适配工作量巨大。同时，OSVR 需要打造若干软硬件集成度好、用户体验佳的旗舰产品，在消费者市场树立口碑和品牌形象。

## 5.3.4  头戴式一体机

头戴式一体机是指内置集成了 CPU/GPU、显示、存储、Wi-Fi、传感器和光学系统等部件的虚拟现实终端设备，与其他虚拟现实终端相比，头戴式一体机能够在无需智能手机或 PC 机支持的情况下独立运行。

由于集成度高，研发难度较大，目前头戴式一体机的市场化情况落后于其他类型的虚拟现实终端产品。从全球市场看，Oculus、谷歌等虚拟现实的领军企业均未有明确的头戴式一体机产品规划。从国内市场看，头戴式一体机的研发进度相对较快，目前已经有部分公司研发了头戴式一体机产品。

虽然一体机集成了计算、存储和输入输出设备，更易于针对虚拟现实进行端到端集成优化，提升用户体验。但目前一体机在技术、性能和体验等方面还存在以下限制因素。

电池续航能力。由于一体机将计算、输入和输出等功能集成于一身，包含的元器件众多，设备耗电量自然也会巨大，因此对设备电池的供电能力及续航能力提出了更高的要求，同时还需要解决电池在供电过程中的发热等问题。

无线通信能力。虚拟现实内容具有高清晰度、高分辨率的特点，需要从云端向终端传输海量数据，同时为了避免卡顿和眩晕，虚拟现实对画面的延迟具有严苟的要求。因此数据传输具有数据量大、密度高、实时性强等特点，对无线通信网络的带宽、时延等技术参数提出非常严格的要求。

可穿戴性。由于一体机将光学系统、计算与存储、显示及用户交互相关的众多元器件等功能集成到了一个机身之中，整体机身重量较大，要想达到良好的可穿戴体验标准，还需要推动元器件的微型化发展，提高整机的系统集成设计能力。

动作追踪与捕捉。一体机的优势是便于用户在移动过程中使用，并不限定使用空间和范围，难以像其他类型的虚拟现实终端那样借助在外部空间设置辅助设备来对用户动作进行追踪和捕捉。一体机需要更加人性化、集成化和自然化的动作追踪与捕捉解决方案。

## 参考文献

[1] Welcome to VR at Google.https://developers.google.com/vr/

[2] OSVR Device Compatibility. http://osvr.github.io/compatibility/

# 第 6 章

# 虚拟现实的应用及行业影响

VR:
when fantasy meets reality

VR:
when fantasy meets reality

VR:
when fantasy meets reality

VR:
when fantasy meets reality

VR:
when fantasy meets reality

## 6.1　虚拟现实应用概述

虚拟现实开拓了全新的用户体验领域，改变了人机交互方式，无论对消费级应用还是企业级应用都至关重要，将对我们所熟知的行业和领域产生很大冲击。

与智能手机的发展路径相似，预计虚拟现实将以硬件技术为基础，首先从硬件性能实现突破，接着软件百花齐放并从中产生一些杀手级应用，为整个虚拟现实产业吸引巨大的用户群，反过来再促进硬件性能的提高和成本的下降，进而将产业发展带入良性循环。

根据高盛公司预测，到 2025 年，全球虚拟现实和增强现实的市场规模将达到 800 亿美元，其中硬件 450 亿美元，软件 350 亿美元[1]。虚拟现实的应用主要集中在游戏、影视传媒、零售和不动产销售、医疗健康、教育、工程应用、军事等领域。这些行业应用的分布情况如图 6-1 所示。

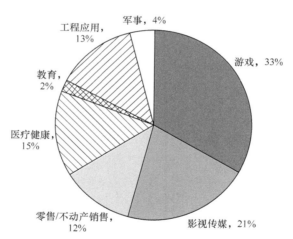

**图 6-1　AR/VR 主要行业应用分布情况（数据来源：高盛公司、中国移动研究院）**

本章介绍虚拟现实目前已经出现或未来较有潜力的应用，并概要分析这些应用对相关行业的影响。

## 6.2　虚拟现实在游戏领域的应用及影响

中国已经是全球最大的游戏市场。根据中国音像与数字出版协会游戏出版工作委员会（GPC）、CNG 中新游戏研究（伽玛数据）和国际数据公司（IDC）共同发布的《2015 年中国游戏产业报告》，2015 年中国游戏市场销售收入 1407 亿元人民币，同比增长 22.9%，第一次超过美国，成为世界最大的游戏市场。

中国不仅有全球最大的游戏用户群体，而且发展出成熟的产业链和强大的研发能力，游戏成为重要的文化创意产业之一。2015 年中国游戏用户数达到 5.34 亿，上市游戏企业 171 家，经国家新闻出版广电总局批准出版的游戏达到 750 款，自主研发的游戏销售收入达到 986.7 亿元人民币，市场份额约占 70%，中国本土游戏产业蓬勃发展。

在中国的游戏市场中，最常见的种类为客户端游戏、网页游戏、移动游戏、和主机游戏（通常是指使用电视屏幕为显示器，在电视上执行家用主机的游戏，包括任天堂的"WiiU"、微软的"Xbox One"、索尼的"PlayStation 4"等）。从市场规模角度来看，客户端游戏和移动游戏是目前中国游戏产业收入的中流砥柱，合计占比超过 80%。客户端游戏市场规模最大，但过去 5 年增长率快速下降，2015 年增长率基本为零，而移动游戏的市场规模接近总体的 35%，近几年增速几近翻倍，2016 年中国移动游戏市场规模超过客户端游戏基本已成定局。

其他几种游戏形式中，2015 年网页游戏的市场占比约 15%，随着移动游戏的崛起，网页游戏的行业资源被移动游戏分流，市场发展趋缓，未来可能逐步集中在几家大型网页游戏平台。国外流行的"Xbox"、"PlayStation"、"Wii"等主机游戏，在中国并未形成规模。一方面，20 世纪 90 年代至 21 世纪初，中国政府曾对外国游戏主机下达禁令，受政策限制，主机游戏市场规模非常小；另一方面，2014 年 1 月，中国政府解除外国游戏主机禁令时，游戏的主要消费群体和消费模式格局已定，主机游戏制造商已经很难吸引玩家重新选择终端。

游戏是虚拟现实最重要的应用领域之一，游戏与虚拟现实结合将掀起新的游戏革命。从游戏的发展历程中可以看出，每一次输入、输出和传输的技术革新都带来游戏产业的巨大变化。

首先，虚拟现实对传统游戏最大的改变是全新的交互方式。虚拟现实游戏除了头戴式显示器，还可以和手环、手套等智能硬件中的手势识别、动作捕捉芯片相结合，这些都将为游戏玩家带来全新的交互体验。其次，虚拟现实在视觉上将原来传统游戏单一视觉方向变为 360° 全景视觉，将视角交给游戏玩家，并使其身体运动和视野运动保持一致，使玩家产生更强的临场感。最后，虚拟现实游戏可以利用全息互动耳机追踪实时的动态场景，让玩家感受到层次分明的 3D 声效，使声音具有特殊的深度和现实感，为玩家带来更好的听觉体验。这些技术和产品带领游戏玩家进入全新的游戏环境，营造的真实感是当前游戏体验无法满足的。

虚拟现实游戏机未来会向两个方向发展，一种可能是作为一块新的屏幕，外接数据处理设备，成为深度游戏玩家的新产品；另外一种可能是整合数据处理设备，成为新一代的游戏中枢。

虚拟现实切入的传统游戏市场，主要是客户端游戏、移动游戏和主机游戏。与之相对应，我们将虚拟现实游戏分为 PC 端、移动端和主机虚拟现实游戏。传统网页游戏在设备配置上有一定的局限性，无法达到游戏的沉浸式体验，将很难成为虚拟现实游戏时代的发展主流。

客户端游戏是虚拟现实最先渗透或改变的细分市场。客户端游戏的核心优势和价值是对游戏的体验，也是深度游戏玩家最愿意为体验感投入外围设备的一种游戏形式。PC 端虚拟现实游戏可以看作目前客户端游戏的延伸，虚拟现实技术对 PC 客户端游戏从听觉、触觉和视觉三个方面进行全方位渗透，为游戏玩家带来全新的体验。

基于 Oculus Rift 和 HTC Vive 开发的游戏是 PC 端虚拟现实游戏的典型代表。例如，《精英：危机四伏（Elite Dangerous）》是一款大型多人游戏，以星际空间贸易为背景，玩家佩戴 Oculus Rift 或 HTC Vive，可以操控飞船在无尽空间的各个星球之间穿梭遨游，充分感受宇宙的魅力，具有很好的可玩性。

移动端虚拟现实游戏运行在两类产品上：手机与眼镜盒子结合，一体机。将手机与眼镜盒子结合，可以快速实现移动游戏向虚拟现实游戏的转换，门槛较低，发展较快。例如游戏 Captain Clark Adventures，玩家使用三星 Note4 智能手机和 Gear VR 虚拟现实眼镜，通过解答谜题来逃离海盗的追击。虚拟现实一体机具有独立的运算、输入和输出功能，摆脱了需要依赖 PC 终端或游戏主机的限制，可以做到计算实时处理，使产品整体更轻巧。

移动端虚拟现实游戏是未来的主要发展方向，但是目前还远达不到"现实"的程度。例如，手机虚拟现实的转头是依赖手机的陀螺仪进行计算，延迟较大，而手机屏幕本身的刷新率和延迟，造成转头时画面无法及时更新到正确的位置上。这些局限性不但破坏了虚拟现实的沉浸感，甚至会对身体造成不适，因此这类手机的游戏体验及操作快感不足以吸引深度的游戏玩家。一体机的虚拟现实游戏体验虽然优于手机与眼镜结合的方式，但是明显低于 PC 端。

主机虚拟现实游戏未来主要是 Xbox、PlayStation 和 Wii 等主机游戏发展的虚拟现实产品。例如，Sony 于 2015 年年底发布的虚拟现实游戏 Eclipse 是一款探索型游戏，游戏被设定在一个黑暗遥远的星球，玩家的目标是探索世界并寻找超自然遗迹的碎片，探究世界的历史，然后逃离星球。

在上述三种虚拟现实游戏形式中，我们认为，中国市场上 PC 端虚拟现实游戏将是未来主要的虚拟现实游戏形式。虚拟现实游戏属于重度应用，更强调沉浸感，因此虚拟现实游戏第一阶段发展的目标客户主要是重度玩家，PC 端和主机虚拟现实游戏更易被这些玩家所接受。高盛公司预计，到 2020 年，30% 的主机游戏玩家将会接受虚拟现实游戏，但是由于中国市场的特殊情况，主机游戏市场份额很低，因此 PC 端虚拟现实游戏将更易普及。移动端虚拟现实游戏受性能限制，能否成为主流还有待手机和一体机性能的进一步提升。

虚拟现实进入游戏领域后，因其体验的真实性和易操作性，不仅能吸引原来的游戏爱好者，还会吸引原本对网络游戏不感兴趣的人群，使游戏产业规模得以扩大。虚拟现实在游戏市场的应用不仅有利于提升虚拟现实硬件性能，降低硬件价格，培育和积累虚拟现实的软件技术，同时还会吸引更多的包括智力和资金在内的社会资源投入到虚拟现实领域。以整合游戏下载平台 Steam 为例，到 2016 年 5 月，运行于 Oculus Rift 或 HTC Vive 的虚拟现实游戏达到 215 款，其中仅 4 月单月就有 108 款游戏发行或更新版本。

## 6.3 虚拟现实在影视传媒领域的应用及影响

随着新技术的引入，我国传媒行业近年来经历了快速发展，已经发展成为万亿规模的新兴产业。根据《传媒蓝皮书：中国传媒产业发展报告（2016）》，中国传媒产业在 2015 年增长了 12.4%，整体市场规模达到 12754.1 亿元。"十三五"规划纲要明确提出，"文化产业成为国民经济支柱性产业"，传媒行业作为文化产业的重要组成部分，未来还将进一步高速发展。

作为传媒领域的重要亮点，我国影视娱乐产业进入爆发式增长期。中国电影票房收入近 10 年复合增长率超过 30%，2015 年的票房达到 440 亿元人民币，已经成为全球第二大电影市场，2017 年有望超越美国，成为世界第一。综艺娱乐节目在 2015 年共有 215 档面世，突破中国综艺娱乐节目产量最高峰。随着网络视频行业的崛起，2015 年成为"网络自制剧元年"，网络视频产量较 2014 年增长了 7.7 倍 [2]。

　　另一方面，传统媒体面临挑战和冲击，亟需调整和转型。2015年传统报业加速下滑，全国各类报纸的零售总量与2014年相比下滑了41.14%。以门户网站为代表的网络新闻资讯行业受到垂直性专业门户网站和移动新闻资讯媒体的挑战，传统媒体面临新一轮融合和转型。

　　作为新一代媒介技术，虚拟现实技术将驱动传媒行业下一轮产业变革与创新。纵观传媒行业发展历史，从报纸到广播、电视、互联网、移动网络和智能手机，每一次技术革新都催生新的产业格局，技术迭代呈加速发展趋势。

　　在传媒行业，虚拟现实影响最大的将是影视娱乐，这也是目前最活跃的细分市场。影视娱乐行业已经全面感受到虚拟现实技术带来的改变，无论是在电影、体育和音乐会的现场直播，还是在线视频，沉浸式的虚拟现实系统都能够为观众带来相当震撼的视觉体验。从制作到最后的观看效果，虚拟现实都将带给影视娱乐领域颠覆性的改变。

　　以2016年5月获得美国艾美奖"最佳互动媒体"的虚拟现实短片《Inside the Box of Kurios》为例，该作品由加拿大创意工作室"Felix&Paul"出品，观众被置于舞台的中心，马戏团的成员则围绕着虚拟的观众（即摄像机）进行各类表演。全片呈现给观众的是一种以观众为中心、置身于剧院的"在场感"。这与传统的科幻类电影特别是科幻类虚拟现实电影具有显著不同。在经典影片《指环王》中，通过美轮美奂的场景构建，使观众通过大荧幕融入到虚拟的"中土世界"，这其中更多的依然要通过观众的"想象"。而在《Inside the Box of Kurios》中，"在场感"直接转化为对影像本体的认同，甚至可以预见，随着技术的不断升级，未来的观众更多的不是"想象"虚拟的场景，而是时刻保持清醒的意识，知道自己实际上并不处于这样一个虚拟的本体之中。

　　虚拟现实给观众带来全新观影模式，同时也为电影制作带来新的拍摄和制作方式。相比传统电影，虚拟现实电影允许观众改变视角，进一步在场景中移动和改变视野范围，看到一些由于传统电影视角限制而难以看到的视野。传统的2D、3D电影中，无论结构如何跳跃，都是线性的，每个观众看同一部电影在同一时间看到的都是同样的情节和场景。虚拟现实电影完全打破了这种线性结构，观众通过转动头部就能够决定自己的焦点，选择他们感兴趣的画面和剧情来看。因此，导演如何让观众在剧情的焦点上集中注意力，如何运用镜头叙事是未来影视业的重要挑战。

　　在电影院线方面，未来虚拟现实的影厅设计将与现在截然不同。现阶段以荧幕大小区分的影院制度将会被"观影场"模式取代,一个影厅将会是一个独立的世界,观影的视角将不会局限在屏幕之上,而是一个360°无死角的观影场。

虚拟现实电影将产生一种全新的艺术形式。这种艺术形式不仅是传统艺术的延伸,更是创作故事的一种突破,根据虚拟现实视觉特点设计剧情,从角色动作、走位到剧情安排、道具处理,甚至与观众互动,都需要重新精心设计。

电影之外,虚拟现实技术的发展对电视和在线视频也将产生重要影响,为家庭娱乐开辟全新的领域。传统的家庭影院会被虚拟现实影视替代,未来新兴消费群体的兴趣将会从传统影视转移至互动影视,而且受场地大小限制,虚拟现实设备更容易给新兴消费群体提供独特、唯一的互动影视体验。

全球主要的在线视频公司均视虚拟现实为未来重要的媒体形式。Hulu、Youtube等均有虚拟现实的应用及视频短片,此外三星电子为全球最大的在线影片服务提供商Netflix提供一款Netflix APP,模拟一个虚拟的客厅,允许用户坐在沙发上通过虚拟屏幕观看Netflix影片。

通过虚拟现实技术,体育比赛、演唱会、综艺现场、重要新闻现场报道等重要活动的直播将能带给观众直接的现场感受。2015年10月13日,美国有线电视新闻网(CNN)联合NextVR公司,对美国民主党总统参选人辩论赛进行虚拟现实的现场直播,观众以全新的视角观看总统竞选。

虚拟现实技术也为传统媒体带来新的市场机遇。2015年起,《纽约时报》向订阅用户送出大量谷歌Cardboard头戴式显示器,大量观众下载并且使用《时代周刊》的应用。《纽约时报》计划通过里约热内卢奥运会、太空探索项目等重大事件,进一步推广虚拟现实报道。

虚拟现实技术在传媒行业的广泛应用还需要克服一系列挑战。首先,虚拟现实设备的用户体验有待进一步提升。调研结果显示,多数用户观看虚拟现实视频的时长在10～20 min之间,更长时间的持续观看将造成不适,这对电视节目和体育赛事的虚拟现实直播和组织造成了一定限制。其次,传统艺术语言的要素,例如叙事逻辑、镜头与画面、色彩与光等,在虚拟现实技术下面临重新定义和规范,从业人员需要适应新的艺术形式,而现有的影视作品无法通过简单转换转变为虚拟现实内容,无论是电影制作,还是现场直播,虚拟现实内容制作都需要全新的模式。最后,观众虽然能够通过虚拟现实直播获得身临其境的感受,但是头盔等显示设备也限制了家庭或朋友之间的直接交流,观众的广泛接受也需要一定时间。

根据高盛公司的预测，未来 25% ～ 30% 虚拟现实设备的用户会成为虚拟现实影视娱乐内容的付费消费者，这意味着到 2025 年将产生一个 73 亿美元的全新市场。我们相信，虚拟现实技术和应用的发展，最终将给整个传媒行业的题材形态、拍摄技术和播放形式带来全方位的革新。

## 6.4　虚拟现实在电商领域的应用及影响

随着互联网的普及，上网人数规模的逐渐扩大，我国电子商务呈现出快速发展的态势。"十二五"期间，各级政府纷纷出台相关政策，助推电子商务的发展，全国电子商务交易额年均增长超过 35%。根据中国电子商务研究中心监测数据及国家统计局发布的电子商务交易情况调查结果，2014 年我国全社会电子商务交易额达 16.39 万亿元人民币，2015 年预计突破 20 万亿元人民币。2015 年全国网上零售额 38773 亿元人民币，位居世界第一。

将虚拟现实技术应用在电子商务领域，形成立体式交互电子商务模式是电商发展的一个全新方向。传统电子商务模型中，消费者虽然以便捷的方式获得远超实体店购物的海量商品信息，但仍然是一种所得非所见的购物体验。虚拟现实通过沉浸式体验，改变了传统电商的呈现形式，把产品的内部构造，或者其他可以体现产品特点的细节更真实地展示给顾客，这无疑增加了顾客对产品的信任度和了解度，使购物体验更加逼真、丰富。

由于沉浸式体验的无限潜力，产品可以被很好地嵌入虚拟现实体验中，虚拟现实成为了有力的品牌营销工具。虚拟现实将从以下三个方面提升消费者的电商购物体验。

首先，用户可以自主、全方位地对物品进行浏览。在虚拟现实情形下，用户可以自己控制在场景中游走的路线，选择自己喜欢的游走方式，可以是步行甚至飞行漫游等。用户能根据他们的意愿探索整个购物环境，选择他们自己想试穿或体验的商品。虚拟现实商品观看时间不受限制，可以长时间浏览；观察角度不受限制，可以更换多个观察点，也可以像动画一样制定既定路线游览。

其次，用户可以和导购或产品提供者进行实时交互。在家装购物场景中，用户可能需要对场景中的物体进行实时编辑，比如对建筑高度、间距的调整等，或者对比不同的设计所反映的效果，比如对地板、墙面、内饰的材质、样式、颜色的选择和搭配。通过虚拟现实技术非常容易实现这些需求，用户在这一交互过程中可以最大限度地实现对营销内容的理解，从而提升购物体验。

最后，用户可以有真正的临场体验。虚拟现实的体验是传统的效果图，动画和沙盘都无法达到的。在传统营销展示模式下，展示商品多以静态摆放为主，用户与展示商品之间不存在交互行为，用户难以全面理解所展示商品的各种特性，因而无法获得最优化的购物体验。即使通过电商，用户在购买产品之前也难以仅仅通过店铺展示内容（包括静态图片和视频影像）准确判断产品是否真正适合自己，因为经常出现展示内容与实际效果存在严重偏差的情形。在虚拟现实情形下，用户通过自主性、交互性和沉浸感实现对展示商品的全面理解，摆脱了消费者所得非所见的困境。

3D 体感试衣镜是一种结合体感技术和 3D 建模技术的应用，如图 6-2 所示，购物者站在虚拟试衣镜前即可自动显示试穿新衣以后的三维图像，不仅可以使顾客试穿衣服更加方便和快捷，而且还可以让顾客根据自己的体型数据挑选更合适的衣服。目前 3D 体感试衣镜主要在商场和服装专卖店应用，随着大数据、建模技术和宽带网络发展，未来类似的线上应用将更为普及。

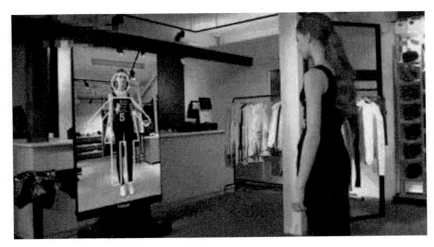

图 6-2　虚拟现实购物体验模型

2016 年 4 月，淘宝推出全新购物方式 Buy ＋。Buy ＋通过使用虚拟现实技术，利用计算机图形系统和辅助传感器，生成可交互的三维购物环境。Buy ＋将突破时间和空间的限制，利用 TMC 三维动作捕捉技术捕捉消费者的动作并触发虚拟环境的反馈，最终实现虚拟现实中的互动。Buy＋可以让用户直接与虚拟世界中的人和物进行交互，甚至将现实生活中的场景虚拟化，成为一个可以互动的商品。

## 6.5　虚拟现实在教育领域的应用及影响

教育是推动国民经济发展的基础产业，中国教育市场规模巨大。根据《教育部 2014 年全国教育事业发展统计公报》，中国义务教育阶段和高中教育阶段共有在校生 1.8 亿人，各类高等教育在学总规模达到 3559 万人，另外还有职业技术培训机构 10.51 万所，接受各种非学历高等教育的学生 736.66 万人次。艾媒咨询的数据显示，2015 年中国在线教育市场规模超过 1700 亿元人民币，预计 2016 年中国市场规模将达 2260 亿元人民币。

现代教育的技术发展深刻影响了教学模式。传统的教育模式以教师为核心，注重知识的传授，教学方式单一。随着广播电视、计算机网络和通信网络等技术的发展，现代教育技术经历了视觉教学、视听教学、视听传播几个阶段，网络化和多媒体化不仅丰富了教学资源，突破了时间和空间的限制，而且使得教学模式更多样，为以学生为中心的教学模式创造了条件。中国教育部在"十二五"期间推动建设的"三通两平台"，即"宽带网络校校通、优质资源班班通、网络学习空间人人通"，"建设教育资源公共服务平台和教育管理公共服务平台"，为教育信息化奠定了良好基础。

虚拟现实技术的发展将带来全新的教育模式。首先，虚拟现实的沉浸感将突破现有多媒体教学的体验，概括、抽象的原理和知识以丰富、形象、直观的方式展现给学生，可以充分调动学员的感官和思维。其次，虚拟现实全新的交互模式改变了教室－教师－学生的空间和人物的关系，从而激发学生的兴趣，提高他们学习的主动性。

虚拟现实技术的发展将拓展教学内容。传统教学中，有很多知识、实验难以真实展现，只能靠学生想象摸索，而虚拟现实技术可以将学习者与知识更直接地联系到一起。例如，在传统的物理和化学实验教学中，教师无法形象直观地呈现微观结构、运动、反应原理等，一些具有危险性的化学反应即使运用多媒体手段也难以详细说明。运用虚拟现实技术，学生通过模拟操作感受到真实的结果，能够更加系统直观地学习体会。历史教学中经常涉及到对各朝各代，甚至是外国远古文明的讲解，通过沉浸式的虚拟现实漫游，学生可以穿越时空直达古代某个重要城市，体验当时的生产生活，对抽象的历史背景和环境有较为深刻的理解。

基础教育和高等教育是虚拟现实在教育产业中最大的细分市场，但是目前虚拟现实在教育中的应用还处于培育期。2015年5月，谷歌推出"谷歌探险先锋计划"，学生在教师的指导下可以360°体验世界各地地标，例如马丘比丘、外太空、斯洛伐克等。谷歌还向学校免费赠送大量Cardboard，让学生尝试虚拟现实技术。Immersive Education公司使用了1969年NASA月球探索的存档画面和声音制作了"阿波罗11号"虚拟现实内容，儿童通过此应用可以直观地感受当年阿波罗登月宇航员的所见所闻，极大地激发了儿童探索太空的兴趣。

我国已经启动虚拟现实教育试点。根据教育部《2016年教育信息化工作要点》，我国将建设100个左右的国家级虚拟仿真实验教学中心，试点开展优质虚拟仿真实验教学项目资源库建设。

虚拟现实技术未来必然改变现有的在线教育市场。虚拟现实技术充分利用真实、互动的特点，结合远程教育、协作学习、场景化设置，建立虚拟教室，将极大地增加学习内容的形象性和趣味性，促进同学间交流，构建优良的学习环境。例如，zSpace为教育机构提供了一套虚拟现实解决方案，利用虚拟现实操作笔，学员可以进行操作学习，将虚拟全息图像从屏幕中提取出来进行操作。zSpace的教育解决方案还可以实现互动和团队协作，让学员在虚拟环境中通过亲身操作体验进行学习，很容易进行错误修正或者做出改变，而不用担心会有任何物质成本消耗或者需要善后的事情发生。

除教学中应用外，虚拟现实技术还可以用来构建虚拟校园，为校园信息化系统发展新的市场空间。虚拟校园将实体校园的建筑风景和学习场景生动、立体地展现在用户面前，学生可以在虚拟校园中获得更多的信息，得到更全面的帮助。例如2016年年初，位于美国科罗拉多州丹佛市的瑞吉斯大学（Regis University）利用虚拟现实技术开发了360°全景沉浸式校园体验之旅，囊括学校100英亩范围的风景线，包括红岩石上的黎明景观、瑞吉斯大学的护理学专业实验室和校园酒吧等，学生能够依据自己的意愿进行任意路线的游览和各个视角的观察。

在成人教育和专业培训中，虚拟现实技术可以以低成本、高效率的方式培养学员。通过虚拟现实技术虚拟出来的仪器设备和其他各类实验所需的资源，学员可以在低廉的成本以及充分的安全保障下，在与真实环境类似的训练环境中实验和训练，获得技能和经验，提升专业能力。例如，潜水艇的工作机制一般学员较难观察到，利用虚拟现实技术可以对这一个过程进行演示，学员可以在虚拟出的潜水艇中进行相应的潜水艇上浮或下沉操作，仪表盘上将会显示上浮或下沉速度，同时，潜水艇整个的排水或进水过程也能 360°全方位地展示给学员。

　　虚拟现实在教育领域中有广阔的前景，然而进一步发展还需要克服一系列困难。首先，制作虚拟现实教学内容需要专业的知识，发展丰富的教学内容库需要时间。其次，利用虚拟教室实现远程实时交互需要强大的内容分发平台和高带宽、低时延的网络保障。最后，虚拟现实在教育市场的培养仍然处于起步阶段，大规模应用还需要一定的时间。

## 6.6　虚拟现实在医疗领域的应用及影响

　　医疗卫生是关系国计民生的重要产业。根据《2013 年中国卫生统计年鉴》以及《2015 年中国卫生和计划生育统计提要》，我国各类医疗卫生机构数量为 95 万个，执业医师超过 260 万人。2014 年全国卫生总费用 3.5 万亿元，比 2013 年增长 11.7%，卫生总费用占 GDP 的比例达到 5.56%。

　　医疗信息化是医疗领域重要的细分市场。根据 IDC《中国医疗 IT 解决方案 2015-2019 预测与分析》报告，2014 年医疗行业 IT 解决方案的市场规模为 48.8 亿元人民币（包括软件和服务，非总体 IT 花费），未来 5 年的增长速度高于中国 IT 市场的平均增速，尤其是软件和服务都将保持较高的增长速度。

　　医疗健康是虚拟现实重要的专业应用领域之一。虚拟现实技术投入到医疗领域时，能够构建虚拟的组织器官或场景，供医生和患者在这些低成本、零危害、可重复、过程可控制、事后可评估的环境中进行技能训练和疾病治疗。

　　在医疗教学方面，虚拟现实技术可以弥补资源不足，改善教学方法。医学是对实践能力要求极高的一门学科，尤其是解剖学等基础课程，实践经验的多少和实验时间的长短与学生的动手能力基本成正比。这些学科需要大量实验设备、实验动物、实验用尸体等教学资源。通过虚拟现实，医学院学生可以对虚拟人体进行解剖训练，解决了教学资源不足导致动手能力下降的问题。此外，运用虚拟现实技术进行解剖和手术练习，可以在节省教学成本的同时，为医疗教学带来新的方法。

　　2015 年，美国加州健康科学西部大学（波莫纳）开设了虚拟现实解剖实验室，让学生通过虚拟现实学习牙科、骨科、兽医、物理治疗和护理。如图 6-3 所示，虚拟解剖台允许学生 360°旋转人体，把它分开，识别特定的结构，研究身体系统，同时观察多个视图，全面地了解人体，看遍人体全息图。为了让临床医生在练习外科手术时享有视觉及触觉上的双重体验，Medical Realities 公司推出的 The Virtual Surgeon 通过 360°视频、3D 技术以及交互式内容，让医生能够身临其境地参与外科手术的全过程。

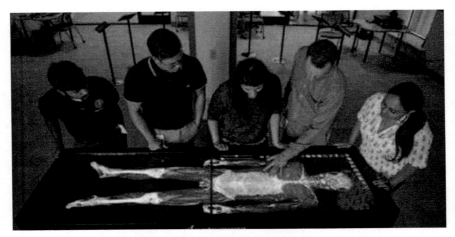

**图 6-3　美国加州健康科学西部大学开设虚拟现实学习中心**

　　在临床手术方面，虚拟现实技术可以提高成功率。手术前，医生可以针对患者的病情构建出病变组织部位的虚拟模型，在虚拟模型上反复进行虚拟预演，使得手术得到充分准备。手术中，虚拟现实技术可以对手术部位进行成像，并在手术中实时反馈患者生理指标，大大提高了手术效率。此外，由于虚拟现实技术的引入，让很多需要通过笨重庞大的自动化设备实现的手术得以进入手术室，拓宽了医生的手术思路，让更多手术方案变得可能。

　　Medical Modeling 公司"虚拟手术计划（VSP）"软件能帮助医生提前规划和演练手术，以便为真刀实枪的手术制订最完美的方案。2016 年年初，在纽约大学朗格尼医疗中心，一名骨肉瘤患者的癌细胞被发现位于骶髂关节附近隐蔽的骨头上，几厘米厚的皮肤、肌肉、脂肪和交错的主动脉血管让周边环境错综复杂，手术难度极大。VSP 软件构建了高分辨率的虚拟视图，不仅能指出病灶位置，还能指引医生下刀，使医生手部动作尽可能精确，最终成功辅助医生完成了这项高难度的手术。

此外，虚拟现实技术通过构建对病人心理治疗有帮助的虚拟情景，为心理疾病的治疗提供了新的方案。患者在使用虚拟现实设备时，将沉浸在虚拟的情景中，并且扮演对治疗有帮助的角色，与虚拟情景中的事物进行互动。心理治疗师可以针对患者的心理弱点或障碍，设计和控制相应的虚拟情景，患者通过沉浸在情景中努力克服心理弱点和障碍，达到心理上的康复。

英国研究人员与西班牙同行在 2015 年进行了一项研究，小规模临床试验表明，利用虚拟现实技术进行的试验性治疗有助于缓解抑郁症患者的症状。他们让 15 名年龄在 23 ～ 61 岁间的抑郁症患者佩戴虚拟现实头盔，这个头盔能让患者"代入"一个虚拟化身，在虚拟环境中与其中的人物进行互动，由此开展相关治疗。

神经科学家 Ned Sahin 利用谷歌眼镜教会那些患有自闭症的儿童如何更好地跟其他人乃至整个社会打交道。他研发的一款应用程序能够在谷歌眼镜中播放时下最流行卡通片中的人物或者场景图片，当自闭症儿童在佩戴谷歌眼镜同其他人交流时，谷歌眼镜能够显示出不同的卡通画面以表达出佩戴者所想表达的语言和心情，从而使他们的注意力更多地集中在其他人的面部，以便更好地同周围进行交流。

虚拟现实技术能使患者沉浸在某一个场景当中并产生愉悦的情感，通过转移注意减轻患者在康复治疗中的疼痛感。例如，对烧伤患者来说，每次换药都是一种煎熬。美国罗耀拉大学医院利用一个名为"SnowWorld"的虚拟现实游戏缓解烧伤病人的伤痛。这个虚拟的冰雪世界有冰冷的河流、瀑布、雪人和企鹅，病人可以飞跃冰雪覆盖的峡谷或者投掷雪球，此时他们的注意力完全集中于冰雪世界，从而减少伤痛感觉。瑞士公司 MindMaze 的技术则可以使失去右手控制力的脑中风患者看到一幅三维图像，感觉他的右手像左手一样运动自如，从而训练相应的大脑区域，辅助恢复治疗。

虚拟现实技术未来将突破现有远程医疗的局限性，不仅能够提升诊断的有效性，而且有可能采取远程治疗。目前的远程医疗技术提供了病人与医生视频沟通，随着虚拟现实技术的引入，病人的各种生理参数可以映射到外地医疗专家面前的虚拟病人身上，专家们能及时做出诊断。虚拟现实技术还为远程外科手术创造了条件，手术医生可在一个虚拟环境中操作，控制在远处给实际病人做手术的机器人的动作。据报道，美国佐治亚医学院和佐治亚技术研究所的专家合作研制了能进行远程眼科手术的机器人。这些机器人在有丰富经验的眼科医生的控制下，能更安全地完成眼科手术，而不需要医生亲自到现场去。

虚拟现实未来首先进入的还是医院和医生的专业市场，但是医疗专业的应用复杂度高，标准化程度低，开发和培训成本都很高。相信随着虚拟现实技术的日益发展，新的医疗手段、工具甚至思路和方法将保障万千患者的身体健康和生活幸福。

## 6.7　虚拟现实在旅游领域的应用及影响

我国旅游行业近年来经历了快速增长。根据国家旅游局发布的《2014 年中国旅游业统计公报》，2014 年，我国旅游业国内旅游人数 36.11 亿人次，收入 3.03 万亿元人民币，中国公民出境旅游人数达到 1.07 亿人次，旅游花费 896.4 亿美元，可见旅游已经成为一个重要的产业。

虚拟现实技术的发展，在一定程度上重新定义了旅游产业，不但可以扩充游客的群体范围，还延伸了景点的种类，同时，对旅游行业的规划、营销、服务等方面将产生全面改革，降低成本并且提升效率。

虚拟世界大大延伸了景点的种类。现实社会中，人们能够游览的旅游景点一般聚焦在山川大河、历史遗迹、人情风俗等当今世界上依旧存在的景物，但是对于历史上曾经出现却又消逝的建筑、景物、风情等，人们有着更为浓厚的兴趣，却又无处寻觅。同样，对于普通人无法涉足的外太空旅行、月球旅行、火星旅行等，甚至是人类永远无法缩小自己而融入的纳米结构世界，通过虚拟现实技术均可以给人身临其境的感觉。

虚拟现实技术能够将场景空间、景物器件展现在用户眼前，让用户足不出户便能饱览天下美景。在国外，Thomas Cook、Qantas Airways 和加拿大的 Destination BC 等旅游公司目前都已经有虚拟现实旅行视频播出。国内有很多厂商尝试涉足这一领域，相比于电影和游戏的研发周期，虚拟现实风景视频的研发成本更低，也更易实现。

虚拟实景漫游能使用户自主选择游览目的地，并且定制游览线路，在交互性和表现力方面更为出色。2014 年，英国制作视觉特效的公司 Framestore 和万豪酒店联合推出了 Teleporter，内置 Oculus Rift 头盔，能让用户体验一场虚拟现实的旅游。在纽约展示的 Teleporter 还加入了很多 4D 元素，使用户还能感觉到海风微拂，并能看到海雾。通过 Teleporter 以及万豪酒店自定义的景区影像画面，用户能对景区进行虚拟实景漫游。

虚拟现实将提升旅游产品的营销效率。旅游产品大多具有一次性购买、开始消费便无法退换的特点，所以顾客在购买前，只能借助于大众媒体报道和之前游客的游览反馈做出是否购买的决断。虚拟现实技术能带给旅游者高质量的景点信息，使其富有吸引力，从而达到良好的宣传效果。例如，英国公司 Thomas Cook 开展了名为"飞前体验"的营销活动，向用户提供旅行前到目的地的虚拟体验，助其减少旅行目的地选择的困难，并鼓励他们进行更多的旅行安排。此外，通过虚拟进入各个酒店，游客能更轻松地选择要入住的酒店类型，而不是仅通过酒店网站的图片，进行盲目选择。

虚拟现实技术可以对已经消逝或遭到损坏的文化遗迹在虚拟世界里进行重建和修复，为这些遗迹的重现和保护提供了一种新形式。虚拟现实技术通过"真实再现"将这些消逝的景观栩栩如生地展现在游客眼前，另一方面，游客在欣赏真实的文物时，也减少了逗留时间。利用虚拟现实对这些文物进行影像复制，可以很好地解决这类文物保护与展示的矛盾。

2015 年 8 月，大英博物馆联合三星，提供了大英博物馆的虚拟现实访问体验。游客能通过使用三星提供的虚拟现实头盔探索青铜时代的特色网站，以及查看博物馆藏品的 3D 扫描图像。虚拟现实技术还可以让游客体验青铜器时代的生活，参与古人的各种仪式，包括祭祀太阳的仪式等等，让参观者以一种全新的方式与大英博物馆的藏品进行互动。

我国是世界遗产大国。全国拥有 40 万处文物古迹保护单位，有 6000 多处为国家、省、自治区、直辖市级文物保护单位。目前我国已有近 40 处文化遗产和自然景观被列入《世界遗产名录》。当前部分世界遗产正在遭受各种各样的损坏，此外，"过度旅游"也是对保护这些文化遗产不利的因素。虚拟现实的出现正帮助人们解决这些问题，例如我国早已开展的敦煌石窟数字化保存修复工程，通过对莫高窟全部 482 个洞窟及周围 220 平方公里的地区进行室内外三维建模，构建出完整的数字档案和虚拟现实演示平台，以供科研恢复和游客虚拟浏览参观。此外虚拟故宫、虚拟大雁塔、虚拟圆明园等工程都在开展，可见虚拟现实技术的发展对文物古迹的保护起到了巨大的作用。

最后，虚拟现实技术还可以用于旅游教育与导游培训。旅游教育与导游培训需要一定的实践基础，但是费用较高且时间较长，大多数学员不可能对每一个景区都进行实地观摩。虚拟现实技术能够通过对整个景区的再现，帮助学员用最小的成本、最短的时间去熟悉、理解众多的旅游资源。导游教学模拟系统实现了对导游教学要求的场景范围进行整体高度仿真，系统配以解说词和背景音乐，学员可以在场景范围的三维模型中进行鸟瞰、步行、飞行等任意交互漫游，在模拟场景中进行技能培训、授课等工作。

## 参考文献

[1] Virtual and Augmented Reality. Understanding the race for the next computing platform[M]. New York: Goldman SachsInc, 2016

[2] 崔保国主编 . 传媒蓝皮书：中国传媒产业发展报告（2016）[M]. 北京：社会科学文献出版社 , 2016

# 第 7 章

# 虚拟现实的产业生态及入口

# 7.1　虚拟现实产业构成及发展现状

## 7.1.1　虚拟现实产业构成

　　虚拟现实是一个覆盖面广的综合性产业。从大的角度来看，包括应用、终端、网络三个部分。更细致地来看，包括元器件厂商、硬件设备厂商、操作系统开发商、网络运营商、内容分发平台、内容开发运营商、开发软硬件工具供应商 7 个部分。具体如图 7-1 所示。

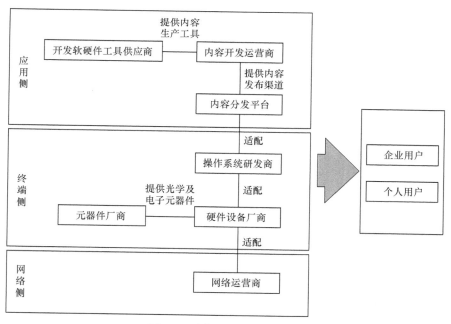

**图 7-1　虚拟现实产业的构成**

　　从产业构成来看，可以发现虚拟现实产业与 PC 和智能手机产业有非常类似的地方。事实上，虚拟现实产业并不是一个全新的产业，它是在 PC 和智能手机产业，以及互联网产业的基础之上发展起来的，是对这些产业的继承和发展。因此，它必然会复用这些产业所建立起来的产业基础和人才，以及这些产业在发展过程中积累的宝贵发展规律和经验。

元器件厂商的价值主张是为整个产业提供高性能元器件的研发和供应，包括CPU和GPU计算芯片、AMOLED显示屏、IMU惯性测量单元等。元器件环节的核心价值点是高性能的元器件单元。这个环节具有技术复杂性高，对技术知识、研发经验及人才依赖度高等特点，因此有能力参与的厂商并不多。此外，元器件并不直接面向消费者销售，而是面向终端厂商集中销售，下游买家的集中度较高，性能、品牌、定制化程度等将是最重要的竞争因素。

硬件设备厂商负责整机设备的研发、设计、制造和销售，包括输入设备、输出设备以及一体设备等。硬件设备环节的核心价值点是提供满足消费者体验要求的终端设备。这个环节具有技术复杂性高、产业整合能力及市场推广能力要求高等特点。硬件设备直接面向消费者销售，终端的总体体验、品牌、价格等将是最重要的竞争因素。

操作系统开发商的主要任务是为终端设备厂商提供通用操作系统，并不断升级优化。这个环节具有研发设计难度高，产业资源整合能力要求高，生态系统打造能力要求高等特点。操作系统不直接面向消费者销售，而是预装到终端设备中，与终端设备一起销售。因此，围绕终端设备厂商、开发者打造开放生态，是操作系统获得成功的关键。

内容分发平台的主要任务是为应用开发者提供发布应用，为用户提供获取应用的渠道，是撮合开发者和用户交易的场所，降低了应用的发现和交易成本。应用分发平台具有双边市场的属性，开发者和用户之间相互吸引相互促进。内容分发平台一般都由操作系统开发商或者硬件设备供应商一体化提供。

内容/应用开发运营商的主要任务是虚拟现实内容/应用的开发及运营，比如游戏、影视、新闻、社交、医疗、教育等。由于虚拟现实应用直接面向用户服务，解决用户生产生活中的某种需求。用户需求既具有多样性，又具有独特性，受年龄、文化、地域等多种因素的影响。因此，虚拟现实应用环节的市场空间非常广泛，但同时对厂商挖掘用户需求、整合资源的能力要求也特别高。

开发软硬件工具制造商的主要任务是为应用开发提供硬件设备和软件系统支持，包括硬件和软件两个部分，硬件如全景摄像机，软件如虚拟现实场景建模、游戏引擎等。这个环节涉及的软硬件设备都具有技术复杂性高、系统复杂等特点，因此有能力参与的厂商并不多。

网络运营商在虚拟现实产业中承担网络接入服务的任务。因此，高性能的网络资源及智能化的网络服务能力是网络运营商的核心价值点。频谱资源的稀缺性、

网络建设及运营的高资本投入性以及规模经济性，决定了各国网络运营服务市场
基本处于寡头垄断的格局。

## 7.1.2　虚拟现实产业当前发展态势

（1）总体来看，虚拟现实产业已经有完整的产业布局，但仍然处于发展初期

PC 及智能手机的发展，为虚拟现实产业打下了良好的产业基础。这也是此次虚
拟现实热潮与历史上其他两次发展热潮最重要的区别之一，即产业基础不一样。当前，
虚拟现实产业涉及的各细分环节均已具备，虚拟现实产业已经有了完整的产业布局。

虽然已经具备了完整的产业布局，2016 年上半年已经有多款消费级的虚拟现
实终端产品公开发售，但当前虚拟现实产业仍然处于早期阶段。原因在于，终端、
应用体验和形态都还处于技术研发和不断迭代升级的过程中，还远未到发展成熟
和形成规模化市场应用的阶段。

（2）元器件环节的高技术门槛，导致参与厂商仍以 PC 和智能手机时代的产
业巨头为主，技术研发和性能升级是当前的主要工作

虚拟现实终端涉及的大多数元器件在智能手机上就有应用，只是虚拟现实终
端对这些元器件的性能有更高的要求。因此，当前虚拟现实终端元器件的参与厂
商，以 PC 和智能手机时代的领先厂商为主。

（3）终端环节是主要竞争领域，参与厂商众多，但产品体验差异大，总体性
能的迭代完善是主要竞争方向

当前虚拟现实终端的主要形式有头戴式眼镜盒子、外接式头戴式显示器和一
体机。头戴式眼镜盒子、外接式头戴式显示器是主要竞争领域。参与厂商众多，
主要以传统产业巨头，比如 Facebook、HTC、索尼、微软、三星、华为以及创业
公司为主。目前来看，传统产业巨头因为技术积累和产业资源优势，产品体验上
总体领先于创业公司。

当前虚拟现实终端设备体验还存在许多不足，比如眩晕感、交互体验差、便
携性不足等。因此，各主要设备厂商仍然以改进设备体验，培育内容合作伙伴，
丰富终端应用场景为工作重心。

（4）当前虚拟现实设备的计算和系统功能，由 PC 和智能手机承担，因此，
独立通用操作系统的需求并不迫切，但领先厂商已开始布局

当前，虚拟现实设备集成度不高，计算和系统的功能仍然需要依赖 PC 和智能手机及操作系统。虚拟现实设备厂商向应用开发者提供 SDK 来管理和调用设备的功能，因此，独立通用操作系统的需求并不十分明显，但领先厂商已经开始布局。比如，Google 在 Android 最新版本（Android N）中，内置了"VR 模式"。

（5）内容分发环节，以线上和线下分发两种类型为主

当前虚拟现实内容分发渠道主要有线上渠道和线下渠道两种类型。线上渠道的主要形式是应用商店、网站等。线下渠道的主要形式是主题公园、体验店等。

领先的硬件设备企业主要通过两种方式来分发内容。一是自建分发渠道，比如 Oculus 自建应用商店 Oculus Store。二是在成熟的内容分发平台中建立虚拟现实专区，比如 Google 通过 Google Play 来分发虚拟现实内容，在线游戏分发平台 Steam 为 HTC Vive 提供内容分发服务。这样的方式能够自主控制内容质量，保障用户体验。此外，虚拟现实媒体和内容网站、播放器、视频网站也是重要的线上分区渠道，以成熟的视频平台或者创业公司参与为主。

线下分发方面，线下体验店、主题公园是主要的形式。线下分发渠道由于受场地空间限制较小，且可以承受更大的成本压力，因此可以纳入更多的设备和传感器，提供更丰富的虚拟现实体验。线下渠道成为虚拟现实重要的应用场景，也是向用户宣传和普及虚拟现实体验的重要阵地。当前，主要以综合解决方案提供商、终端设备供应商、拥有内容版权的内容提供商为参与主体。

（6）内容环节，游戏是主要应用形式。开发难度大，开发成本高，原有开发经验复用程度低，是制约内容发展的主要因素

当前，虚拟现实游戏是最主要的应用形式。从开发者队伍，以及 Oculus Rift 和 HTC Vive 等领先设备的主要体验内容分布即可见一斑，当前主要以小团队或创业公司为参与主体。

虚拟现实影视内容发展还处于探索阶段。虚拟现实影视与传统影视的导演逻辑、叙事逻辑、观众的欣赏逻辑是完全不一样的。传统的制片流程和规范、拍摄工具、制作经验不再适用，需要从零开始重新探索。同时，虚拟现实影视内容的制作成本也比传统影视高出许多。因此，当前的虚拟现实影视内容多以宣传片或短片的形式出现。国外以大型影视公司探索为主，国内则是创业公司更为活跃。

随着 2016 年演唱会、体育等直播应用的火热，虚拟现实直播应用也在不断的尝试中。此外，虚拟现实在医疗、教育、新闻、建筑等不同行业的应用也在不

断的尝试和探索中，多以创业公司的参与为主。

（7）内容开发工具软硬件环节，全景摄像机参与厂商众多，内容开发运营软件仍以传统领先厂商为主

从 PC 到智能手机，影视娱乐内容都是最重要的内容消费门类之一，具有巨大的市场潜力。此外，智能手机移动性及摄像头性能提升，给图片应用及直播等视频类应用带来巨大的市场机会。基于此，业界普遍看好虚拟现实影视娱乐、图片和视频相关应用的市场前景。相对于传统视频，虚拟现实视频的立体和全景属性，要求升级拍摄设备。

因此，全景摄像机的发展非常活跃。根据硬件技术和算法复杂度、成像质量以及价格等因素的不同，可以将全景摄像机分为消费级、专业级、电影级三类。消费级产品技术复杂度相对较低，价格较低，相应的成像质量也较差，以创业公司参与为主。专业级和电影级对硬件技术和算法要求非常严格，成像质量高，相应的价格非常昂贵，以传统电子设备领域的领先厂商参与为主。

当前虚拟现实应用以游戏为主，游戏场景建模和引擎是最主要的软件工具。因为 3D 游戏快速发展带来的 3D 场景建模和 3D 引擎能力的提升，再加之高技术门槛，因此参与厂商仍以传统游戏领域的领先厂商为主。

（8）网络运营环节的参与度不高

目前虚拟现实体验以家庭场景下的本地体验为主，对移动网络服务的需求并不高。网络运营商提供的移动 4G 网络服务和家庭宽带服务，完全能够满足当前虚拟现实体验对网络的需求。因此，网络运营商并不是当前虚拟现实产业中的核心角色。网络运营商对虚拟现实产业的参与度并不高，而是更多专注于对自身网络性能的升级和智能化改造，以及参与全球 5G 标准的制定，但这些工作将在未来几年决定虚拟现实终端和应用的普及进度。

## 7.2　虚拟现实产业未来发展判断

### 7.2.1　产业发展路径判断

先产业化，后市场化，是虚拟现实产业发展的必经路径。具体见表 7-1。

产业化指的是通过技术创新、产品创新和商业模式创新，以及产业组织间的协调合作，形成虚拟现实商用体验所要求的必要技术能力、产业协作基础，以及基本的产能基础，出现用户认可并愿意买单的产品。最终在终端方面形成全球化的产业合作体系，终端综合性能达到基本体验要求，应用获得初步发展，综合体验价格降低到先期采纳者能够接受的范围。

产业化阶段的主要目标有两个：一是，满足基本体验要求的技术能力的打造，包括计算、显示、交互、全景制作、集成等各个方面；二是，满足商业化应用的行业通用标准以及产业基础的构建，包括总体体验标准、设备开放架构、内容制作标准等方面。

产业化阶段主要有三个方面的工作：一是，输入输出涉及的显示、动作捕捉等光学、计算机视觉、传感器等技术，计算、网络相关的技术研发和升级，整机集成设计能力的升级，以及相关软件算法的研发等；二是，从总体体验、设备架构、内容制作、网络等各个方面，建立通用行业标准，降低行业协作成本；三是，在技术研发升级和行业标准建立的基础上，建立元器件、软件、终端、应用等方面的基础产能和分工协作体系，为初期市场化提供产能保障。

产业化阶段要达到的最终状态是：一是，元器件性能达标，并且通用兼容，应用开发初步标准化；二是，出现 1 ～ 2 家产品性能达到体验标准、价格可接受的领先厂商；三是，全球化的产业分工协作网络基本搭建完成，每个环节初期市场化所需要的产能基本具备。

市场化指的是在前期产业化的基础上，大规模地普及虚拟现实终端和应用，终端和应用的性能进一步提升，类型极大地丰富化，综合体验进一步优化。大规模的普及进一步带来综合体验成本的降低，虚拟现实终端和应用向人们工作和生活的纵深渗透。

市场化阶段的主要目标有两个：一是，终端和应用的大规模普及是市场化阶段的主要目标，也是市场化效果的直接衡量指标；二是，随着市场化的逐步推进，虚拟现实总体体验需要进一步提升，体验价格需要逐步下降，以进一步刺激市场需求。

市场化阶段主要有三个方面的工作：一是，在市场需求逐步爆发的带动下，需要推进终端的大规模生产和普及来满足这种市场需求，并且需要综合体验进一步提升，价格逐步降低来进一步刺激市场需求；二是，终端的普及为应用市场带来机会和需求，各类应用需要大规模开发和应用，商业模式需要进一步创新；三是，高质量网络是终端和应用普及的基础，因此需要推进高质量网络的大规模商用。

最终，市场化阶段要达到的产业状态是：一是，出现几家全球性终端厂商共享全球市场，终端体验价格不断降低，逐步在不同人群中分批次普及；二是，良好的体验离不开高质量网络的支撑，高质量网络将分区域逐步大规模商用；三是，在终端和网络分人群、分区域逐步普及提供的市场基础下，各类应用开始分层次逐步爆发。

因此可以说，产业化为市场化提供了必要的基础，是最终大规模市场化的前提条件，是市场化之前的必经阶段，两者一前一后，相互衔接，见表 7-1。

表 7-1  先产业化后市场化的两阶段发展模式

| 项目 | 先产业化 | 再市场化 |
|------|---------|---------|
| 主要目标 | • 满足体验要求的技术能力打造；<br>• 满足商业化应用通用标准及产业基础的构建 | • 终端和应用的大规模普及；<br>• 总体体验成本的逐步下降 |
| 主要工作 | • 输入输出、计算、网络等技术的研发；<br>• 建立接口、应用、体验等行业标准；<br>• 建设元器件、软件、终端等基础产能 | • 终端的大规模生产和普及，体验价格降低；<br>• 各类应用的大规模开发和应用；<br>• 高质量网络大规模商用 |
| 最终状态 | • 元器件性能达标、通用兼容，应用开发标准化；<br>• 出现 1~2 家产品达到体验要求的领先厂商；<br>• 产业分工协作，网络基本搭建完成 | • 几家全球性终端厂商，终端在不同人群普及；<br>• 高质量网络分区域大规模商用；<br>• 各类应用分层次逐步爆发 |

## 7.2.2  未来产业态势预判

虚拟现实产业是一个技术复杂度高，资本投入大，涉及环节多的综合性产业。类比 PC 和智能手机行业的发展规律和经验可以发现，只有那些处于核心环节，具备相应核心能力和资源的全球性主导厂商，才能够撬动整个产业链，建立生态，最终再一次进化为虚拟现实时代的领先厂商。具体见表7-2。

未来虚拟现实产业中的核心领导者，会出自于核心元器件、终端设备、通用操作系统、网络接入、应用分发、应用开发运营这几个环节，也只有这些环节的领先厂商才有能力推动和整合产业的发展。

（1）核心元器件

虚拟现实产业涉及的元器件非常多，但有能力在整个产业中起主导作用的仅是那些核心元器件厂商，包括CPU/GPU芯片、AMOLED显示屏、光场显示芯片。主要原因是这些元器件在虚拟现实设备中处于核心地位，它们的性能在很大程度上决定了总体体验的优劣，它们的成本在整机中成本占比比较大。

这些核心元器件的技术开发门槛非常高，需要非常强的行业专业知识、研发经验和人才与核心专利积累。这些元器件继承了PC和智能手机时代相关元器件的技术，对整体性能要求更高。因此，那些在PC和智能手机行业深耕多年的产业巨头，通过技术继承和升级，以及产业资源的复用，最有能力和希望继续领导虚拟现实核心元器件产业的发展。最具代表性的厂商是高通、英伟达、三星等。

这些核心元器件不直接面向消费者销售，而是面向各个终端厂商按计件的方式销售。因此，他们的最佳策略就是深度参与到各个终端厂商的生态中，与尽量多的终端厂商合作，以实现销售收入的最大化；并通过不断研发和升级，为终端厂商提供性能更好的元器件，通过产品更新换代来实现持续销售。

（2）终端设备

虚拟现实终端是虚拟现实体验的承载设备，将直接决定虚拟现实发展的进程。在产业化阶段，领先厂商的最大作用是带动基础产业能力的进步，为整个行业探索出终端的基本形态和标准架构体系，形成市场化的基础。在市场化阶段，终端厂商的大规模参与带来市场上可选终端的增加，以及体验价格的降低，最终推动终端和应用的普及。因此，终端设备厂商是虚拟现实产业的重要玩家。

虚拟现实终端，尤其是未来的具有移动和便携性的终端，对厂商的设计和系统集成能力要求非常高。此外，虚拟现实终端的电子消费品属性，要求终端厂商还需要具备强悍的品牌构建和市场推广能力。这些能力为终端环节设置了非常高的进入门槛。最具代表性的公司是苹果、Facebook、三星、华为等。

虚拟现实设备具有通用性，不存在地域文化等差异。当虚拟现实终端发展成熟后，将是几家领先厂商共享全球市场，并将依托终端设备在消费者中的市场占有率和品牌影响力，整合操作系统和内容等，构建一体化的封闭生态，或者部分地参与内容环节。

（3）通用操作系统

对用户来说，通用操作系统决定了终端与应用的最终交互效果。对终端厂商来说，通用操作系统是开放参与和大规模生产的前提。对于内容和应用开发者来说，通用操作系统形成了开放的开发标准，降低了开发难度，是内容和应用爆发的基础。因此，通用操作系统是虚拟现实产业的重要玩家，也是重要的生态组织者。

通用操作系统复杂度非常高，对系统研发设计能力要求非常高。此外，为通用操作系统搭建开放生态，与终端厂商和开发者形成紧密合作关系，还需要开放的产业格局布局和精巧的商业设计能力。这些能力的要求都非常高，从 PC 和智能手机行业操作系统的发展历程即可见一斑。最具代表性的公司是微软、Google 等。

通用操作系统开发商利用操作系统带来的产业控制力，将以操作系统为核心，围绕终端、应用分发、应用构建封闭或开放的生态系统。

（4）网络接入

虽然当前虚拟现实体验以本地体验为主，但未来一定是以移动化的在线体验为主。网络接入是未来整个虚拟现实体验中不可或缺的重要环节，因此，网络的发展将直接决定虚拟现实的发展进程。

随着 5G、高品质有线宽带、IDC、物联网平台等各种网络资源的应用和建设推进，电信运营商凭借多种高品质网络资源的统一接入及按需智能服务，以及由此建立起的服务渠道资源和用户资源，将在虚拟现实产业中扮演重要的角色。最具代表性的是中国移动、美国电信运营商 AT&T 等。

除了通过提供基础的智能网络接入服务来影响虚拟现实产业发展进程之外，电信运营商还可以凭借其掌握的服务渠道资源、用户和数据资源，向上参与终端开发和销售，向下参与应用开发和运营来深度参与虚拟现实产业，成为虚拟现实行业的重量级玩家，影响虚拟现实产业的发展走向。

（5）应用分发

应用分发平台是撮合开发者和用户交易的场所，为应用市场的发展提供了极大的便利。最具代表性的公司是苹果、Facebook、Sony 等。

但在虚拟现实时代，独立应用分发环节的价值将可能受到动摇。应用分发和下载的服务，将可能被整合进人工智能、社交等基础应用中。

（6）应用开发运营

应用是虚拟现实体验中重要的一环，应用的发展能够带动终端的进一步普及。应用的丰富，能够充分地解决人们个性化的体验需求，也能够让虚拟现实更好地解决人们工作和生活中的问题，尤其是那些解决人们刚性需求，具有广泛用户基础的应用类型，比如社交、信息获取、人工智能等具有巨大的影响力。

在发展初期，因为开发难度和成本，以及商业化不确定性高等因素的存在，需要互联网巨头利用他们的技术优势、资金优势以及产业经验，来扶持虚拟现实应用的发展，为行业探索开发经验。当进入快速发展期后，各类应用开始分层次逐渐推出。虚拟现实应用的开发，要求开发企业能够精准挖掘用户需求及使用习惯，并具备较强的开发实力和资源整合能力。最具代表性的公司包括 Facebook、Google、腾讯等。

虚拟现实产业未来形态预判见表 7-2。待终端和高质量的网络开始大规模普及后，围绕应用的创新和生态建立开始加速。围绕应用，将形成独立于终端的应用子生态，那些高频刚需，能够改善工作生活质量和提升效率的应用以及开发者，将是这些生态的主导者。同时，应用将是竞争最激烈的领域。

表 7-2　虚拟现实产业未来形态预判

| 环节 | 核心能力 | 核心资源 | 产业形态 |
|---|---|---|---|
| 应用开发运营 | •精准挖掘用户需求；<br>•聚合产业资源满足需求 | •明星应用，比如人工智能、社交等；<br>•代表公司：腾讯、Facebook | •条件是终端和高质量网络大规模普及；<br>•形成独立应用子生态，丰富终端体验 |
| 应用分发 | •聚合多样化的大量应用；<br>•智能地精准发现应用 | •应用分发平台；<br>•代表公司：苹果、索尼 | •条件是操作系统的通用化、大众化；<br>•独立平台，一般由终端或操作系统商主导 |
| 网络接入 | •多种高品质网络资源的统一接入；<br>•智能地按需服务及按体验收费 | •高品质网络资源及智能服务；<br>•代表公司：中国移动、AT&T | •条件是技术具备、需求具备；<br>•网络生态，向上参与应用，向下参与终端 |

（续表）

| 环节 | 核心能力 | 核心资源 | 产业形态 |
|------|----------|----------|----------|
| 终端设备 | •终端系统设计及集成能力；<br>•品牌构建及市场推广能力 | •核心计算+显示一体化终端；<br>•代表公司：苹果、华为、Facebook、三星 | •条件是元器件性能达标，系统架构标准化；<br>•终端生态，或者向上拓展参与应用分发和应用 |
| 通用操作系统 | •系统研发设计能力；<br>•产业生态系统构建能力 | •开放操作系统；<br>•代表公司：微软、Google | •条件是开放，对开发者或者对终端厂商；<br>•集合应用和终端，形成系统生态 |
| 核心元器件 | •相关技术知识和研发经验的积累；<br>•高性能元器件的持续研发升级 | •技术专利及高性能元器件产品；<br>•代表公司：高通、英伟达、三星 | •条件是核心，通用性，以及持续升级；<br>•产业基础，参与各个终端生态 |

## 7.3　虚拟现实时代的入口和平台策略

### 7.3.1　入口和平台演进逻辑

（1）入口的演进逻辑

所谓入口，通俗点讲就是人们在上网解决各种需求时，最频繁使用的途径，它体现用户的行为习惯和需求特征。

20 多年来，微软的视窗操作系统几乎控制了整个 IT 产业，是所有 PC、应用软件的入口，也是用户接入网络的第一个入口。

1994 年，图形化的浏览器因 Web 网页的发明而横空出世，成为互联网的标准入口。早期互联网因为信息较少，门户网站是最重要的入口。随着带宽越来越大，上网的人群越来越多，互联网上的信息越来越丰富，搜索引擎成为 PC 互联网时代最重要的入口。除了门户网站、搜索引擎、电子商务等满足通用型需求而形成的入口之外，还有满足各类专题型需求的垂直网站流量入口。在 PC 互联网时代，各类客户端应用，比如以 QQ 为代表的社交应用客户端，也是重要的流量入口类型。

移动互联网与 PC 互联网之间存在许多差异，具体见表 7-3，导致移动互联网时代具有不一样的入口发展逻辑。

表 7-3　PC 互联网与移动互联网的对比

| 项　目 | PC互联网 | 移动互联网 |
|---|---|---|
| 终端 | • 大屏幕<br>• 外接电源<br>• 位置固定，离人眼较远<br>• Windows 一统天下 | • 小屏幕<br>• 移动电源，续航能力有限<br>• 便携，移动，离人眼较近<br>• Android、iOS 及其他 |
| 网络 | • 有限网络，光纤资源丰富<br>• 动态 IP 地址<br>• 固定包月资费 | • 移动网络，频谱资源有限<br>• 固定号码（SIM 卡）<br>• 限量套餐资费 |
| 应用 | • 浏览器，网页为主<br>• 内容为主 | • APP 为主<br>• 基于图片、位置等的场景应用为主 |

在移动互联网时代，由于移动宽带网络数据流量价格相对较贵，导致 Wi-Fi 接入成为人们上网的第一步，并逐渐成长为入口。智能手机和操作系统是最重要的入口之一，掌握了该入口，就掌握了用户的使用习惯和使用行为。APP 取代了网页，应用商店是获取 APP 的渠道，成为重要的入口。

智能手机的移动性特征，加之定位、导航等应用的成熟，这与地图应用具有天然的匹配性。地图应用成为移动互联网时代重要的入口，可以为用户定位、导航、查找和推荐周边信息等。

智能手机集成的照相机，具有十分强大的功能，再结合智能手机的移动定位功能，使得通过拍照记录我们的生活成为移动互联网时代最大的特色。因此，拍照类应用成为移动互联网时代的流量入口，包括图片社交类应用、小视频应用、直播应用等。

随着智能手机的普及，O2O 应用逐渐兴起，移动互联网开始展开对线下生活空间的争夺。大部分 O2O 应用背后的潜在需求，具有通用、高频等特点，因此聚集了大量用户群，成为移动互联网时代的重要入口。

　　总体来看，可以从多个维度对入口进行分析。一是按照信息产品涉及的软硬件结构来划分，流量入口一般所呈现的层级结构为：终端硬件、系统软件、应用商店或浏览器、APP/ 网站 / 客户端，这些层级中均可产生入口产品。二是遵循 "马斯洛模型"，按照用户的内容需求层次来划分，比如社交、安全、电商、搜索入口等。三是因为在不同时间段内，外部应用条件的变化将带来不同的入口，比如窄带互联网时代的门户网站，宽带互联网时代的视频网站，移动互联网时代的 Wi-Fi 入口等。四是因为终端设备的升级，带来了一些新的应用场景，进而形成了一些新的入口，比如移动互联网时代的应用分发平台、地图应用、打车软件等 O2O 应用入口，等等。

　　（2）平台的演进逻辑

　　在 PC 及移动互联网时代，主要有两类平台：作为物理基础设施的 "能力平台"，作为商业基础设施的 "多边平台"。

　　作为物理基础设施的 "能力平台" 首要价值是，直接满足某类广泛存在的功能需求，通过在较大用户群体范围内的复用来分摊成本，降低使用门槛和使用成本。典型代表包括：Android 平台满足各大智能手机厂商对系统软件的需求。能力平台通过整合集成多种功能模块，并将这些模块进行封装，通过标准 API 的方式对外提供标准化、模块化的服务。

　　作为商业基础设施的 "多边平台" 首要价值是，为多边客户直接交互创造条件，提供场所和工具，以降低交易成本。典型代表包括：苹果应用分发平台 APP Store 是为应用开发者和用户提供交易的场所。多边平台通过一系列规则或者标准，为一方搜寻到另一方并进行交易创造便利。比如，打车应用定义的呼叫规则、订单分派调度规则、抢单规则、忙时加价规则、支付规则、评价惩罚机制等，涉及一整套业务逻辑。

　　平台型企业最重要的特征是网络效应。网络效应可以分为两种：直接网络效应、间接网络效应。直接网络效应的直观体现是梅特卡夫定律，即网络的价值与网络节点的平方成正比。间接网络效应指的是，平台能否吸引其中一个群体，不仅取决于平台本身还取决于平台上另一个群体规模的大小。比如电子商务平台上的卖家和买家。除了直接和间接之分外，网络效应还有强弱、正负之分。

　　网络效应并不能保证企业的长期兴盛，因为网络效应除了有强弱、正负之分，还有可能随着业务发展而失去。因为转移成本的存在导致网络效应不能完全发挥，用户的需求在转移，以及需求本身属性的差异，甚至技术在不断地演进。这些因素都有可能导致即使拥有网络效应的平台，最终也可能走向失败。

### 7.3.2　虚拟现实的入口策略

在寻找虚拟现实入口级产品，制定虚拟现实入口策略时，需要综合考虑以下多个方面的基础原则。

（1）从用户接入网络获取相关服务流程的角度

从 PC 互联网、移动互联网的经验来看，用户接入网络获取服务所涉及的所有方面均可以产生入口产品，比如终端硬件、系统软件、应用商店或浏览器、APP/网站/客户端等。不同入口的形成，有时间先后顺序，决定因素包括虚拟现实终端产品及应用在不同人群中的扩散，用户的需求规律以及相关使用条件的满足情况。

比如，在虚拟现实发展的初期，因为虚拟现实终端产品普及度不高，且以视频、游戏为主要的内容形式，所以游戏或视频内容平台将是重要的入口。随着虚拟现实体验的进一步完善，虚拟现实终端产品的不断普及，以及垂直行业应用的逐渐成熟，新闻、社交以及医疗等垂直行业应用将逐渐成长为入口。

（2）从虚拟现实硬件产品在不同人群中扩散进度的角度

任何新的技术、新的产品或服务的推广和应用都是一个扩散的过程。影响新技术、新产品在人群中扩散的因素多种多样，包括年龄、收入、文化、地域、职业等。新技术、新产品在不同年龄人群、收入人群、职业人群中的扩散，将进一步激发出不同的应用形态和需求层次。

举例来说，在移动互联网时代为什么是微信、微博等应用首先爆发，而不是嘀嘀打车、饿了么外卖等应用。很大原因是微信、微博首要的目标用户是年轻学生、白领等，他们是对新技术接受度较高的人群，同时也是智能手机最早普及的人群。而嘀嘀打车、饿了么等应用的流行，还需要等到出租车司机、小餐馆老板等人群学会使用移动互联网及开始使用智能手机才可以。

因此在打造虚拟现实入口时，需要考虑虚拟现实硬件产品及相关应用在不同人群中扩散情况，不同人群代表了不同的应用基础、不同的需求、不同的使用行为以及不同的消费心理。

（3）从用户需求的角度

从 PC 互联网、移动互联网的发展来看，各类应用的背后都隐藏着人类"马斯洛心理层级"需求，但并不是所有需求都一样，不同的需求对应不同的人群，以及不同的消费场景。需求有层次之分，即底层刚性需求、高层可选需求，需求越刚性对用户的粘性越高，比如社交。需求还有范围之分，即通用型需求、垂直型需求，通用型需求覆盖更大的人群范围。需求还有频度之分，即高频需求、低频需求，越是高频，对用户粘性越高，用户贡献的使用时长也越高。具体来看，人类最典型的需求包括：信息、社交、娱乐、商务、工作、教育、医疗等。因此，在打造虚拟现实入口时，应从虚拟现实的应用和需求角度出发，首要考虑那些底层刚性、通用型、高频的需求形态。

（4）从现实条件满足情况的角度

为什么在 PC 互联网时代最早兴起的是门户网站，而不是视频网站？因为早期的有线网络是窄带网络，网络带宽还达不到流畅观看在线视频的体验要求。为什么电子商务在近年来得到爆发式增长，是因为在线支付、线下物流配送等配套基础设施得到了充分的完善，否则电子商务将不可能实现爆发。

这说明应用的发展将受到现实条件的限制，只有现实条件得到满足，才能实现应用的大规模普及。这些条件多种多样，包括网络方面、覆盖人群、软件技术、应用行业、线上线下配套服务等。同样，在打造虚拟现实入口应用时，这些限制因素也会产生影响。需要考量这些限制因素的满足情况，在不同阶段寻找不同的入口级应用形态。

同时还需要考虑虚拟现实与传统 PC、移动互联网的不同之处。

（1）虚拟现实将突破现有软硬件平台的局限性，进一步满足人类的需求

在显示画面方面，虚拟现实将突破现有的平面显示，将人类首次带入全景显示的时代，未来将实现人与人之间的直接连接；在信息采集方面，虚拟现实将不仅能够采集用户的使用行为等数据，还能采集用户的生理数据，以及用户使用行为现场的全景数据；在人机交互方面，虚拟现实将突破现有的触摸方式，实现语音、手势、眼球等更加人性化的控制。

虚拟现实的这些能力突破，将对社交、游戏等应用形态产生颠覆性的影响，人们将不再按以前熟悉的方式来进行社交、游戏娱乐。因此在打造虚拟现实入口时，需要考虑不同人群对这些颠覆性影响的接受情况，以及不同应用形态内外部开发条件的满足情况，以此来决定不同应用形态的扩散规律，并根据扩散规律决定进入时机。

（2）虚拟现实将通过沉浸式体验带来更加丰富的数据信息

互联网的核心在于数据。数据的搜集、交换、分析成就了一个个伟大的公司，不管是软件还是硬件入口，谁能拥有有价值的数据，就能通过深度数据挖掘价值成为互联网时代的赢家。

虚拟现实承载信息的形式将更加多样，除传统的文字、图片、语音外，视频的地位将更加突出，而视频所能提供的信息将更加丰富。虚拟现实通过沉浸式体验将获取更加丰富的数据信息。比如，以虚拟现实提供现场新闻服务时，我们不仅可以了解到用户喜欢什么类型的现场新闻，还可以探查到用户在不同新闻现场的不同反应。

在打造虚拟现实入口时，需要从产品层面充分地存储、分析、利用这些多维度的数据信息：一方面打造特色功能，提升用户留存率和参与度，促成产品成长的正反馈和自循环；另一方面基于数据拓展服务边界，整合产业合作资源，更好地服务客户和产业生态。

### 7.3.3　虚拟现实的平台策略

在制定虚拟现实时代的平台策略时，有以下两个背景需要考虑。

（1）PC 互联网及移动互联网时代，成熟平台思维的借鉴意义

平台发展模式并不是发端于互联网，在传统的信用卡产业中早就有应用。只是说在互联网时代，平台发展模式得到了更大的重视和更广泛的研究。在互联网时代，已经发展和应用了多种平台模式，并积累了丰富的平台治理经验，这些都是宝贵的知识财富，在虚拟现实时代完全可以吸收和应用。

（2）虚拟现实软硬件产品与传统 PC 及移动互联网软硬件之间的特征差异，带来对平台需求的差异

从内容角度来说，虚拟现实内容以全景图片和视频为主，数据密度高，容量大，对数据的存储、处理要求非常高。从开发工具角度来说，虚拟现实内容开发涉及 3D 引擎、全景地图、场景建模等多种专业化工具。这些工具专业性强，开发难度大，价格昂贵，单个开发者很难独自提供。只有将这些基础能力打包作为标准化服务，降低内容和服务开发者的开发门槛，减轻开发负担，才能带来虚拟现实内容生态的繁荣。

从数据角度来说，虚拟现实沉浸性体验将带来更加丰富的数据信息。同时从提供更智能、更人性化服务的角度讲，还需要整合用户更多维度的数据信息才能够达到。比如其他个人及家庭终端的数据，在其他平台的行为数据等。多平台、多场景、多终端、多维度下，数据信息的采集、存储、整合、分析、利用，对数据平台本身提出了更高的要求。数据将成为底层的标准化服务，是优化用户体验，聚拢合作资源，繁荣生态的必需资源。因此虚拟现实应用和服务，对能力平台的要求会较高，同时不同的应用场景对能力平台的要求有共性，但也有差异，需要具体分析。

在基于以上两个背景的综合考虑下，虚拟现实时代的基本平台策略如下。

（1）做能力平台和多边平台的共同体，但能力平台的基础性作用需要重视

在 PC 和移动互联网时代，成功的平台多是能力平台和多边平台的共同体，但两者并不一定同时诞生。比如 Apple 从能力平台演化出多边平台，并进行有机结合；阿里巴巴则从多边平台演化出能力平台，并进行有机结合。

在打造虚拟现实平台时，应借鉴这样的产业经验，从一开始就做能力平台和多边平台的共同体。由于虚拟现实特殊的体验对能力平台提出了更高的要求，因此能力平台、多边平台应该相伴而生，否则多边平台将难以运行。这可能是和 PC 及移动互联网时代的平台模式所不同的。

（2）标准化 API

能力平台整合集成了多种功能，将这些功能进行模块化封装，并通过一系列标准化 API 向外部需求者提供模块化的平台能力。这些标准化的 API，使平台能力变得标准化、模块化，外部需求者需要哪些能力，通过标准 API 调用相关模块即可。这样使得整个平台的复杂性大幅度地降低，同时降低了开发者的开发门槛和成本，以及平台使用者和平台方的沟通协调成本。

虚拟现实平台涉及多方面的基础能力，同时不同应用场景还需要一些个性化的基础能力支撑，比如在虚拟购物场景中，即需要对购买者进行人体建模或者人体视频图像提取并进行场景建模的能力。因此，需要将这些基础能力进行模块化封装，并以标准化接口的方式对外提供服务。

（3）明确规则

多边平台通过一系列规则或者标准，来规范平台的商品或服务提供方及需求方的行为。明确的规则或者标准，降低了双方的交易成本，促进了整个系统的繁

荣。在打造虚拟现实平台时，需要根据具体的业务场景，针对性地明确相关规则，降低交易成本。

（4）以真实需求为基础

不管是能力平台还是多边平台，对应的都是某种需求。比如，淘宝电子商务平台，对应的是卖家需要在网络上方便地开店，买家在网络上方便地购买到产品的需求。不管是直接地满足开发者的需求，还是间接地撮合买卖双方达成交易以满足各方需求，对应的需求都是具体的、明确的。因此，在打造虚拟现实平台时，应以满足某种具体需求为出发点。

（5）充分利用网络效应

不是所有的网络效应都一样，网络效应有直接间接、强弱、正负之分。在打造虚拟现实平台时，需要根据具体的业务模式，认清网络效应的特征，设计好平台治理模式，充分利用和放大平台的网络效应能力。

（6）设计好平台激励规则，增大平台使用者的转移成本

转移成本指的是平台使用者一旦离开平台所需要承担的沉没成本。在打造虚拟现实平台时，需要通过多种方式来增大平台的转移成本，将用户吸引在平台上，不至于轻易地转换平台。这些方式包括，提供独家产品或服务，提供高品质的产品或服务，锁定用户关系，锁定用户网络资产（数据、信用等），提供增值服务计划、积分计划等。

VR:
when fantasy meets reality

第 8 章

# 虚拟现实的未来与挑战

VR:
when fantasy meets reality

VR:
when fantasy meets real

VR:
when fantasy meets reality

VR:
when fantasy meets reality

# 8.1　下一代计算平台

美国社交巨头 Facebook 公司创始人、CEO 马克·扎克伯格认为，"每过 10 年或 15 年就会出现一种新的计算平台，现在虚拟现实就是最有可能成为下一个计算平台的东西。"投资银行高盛公司在其研究报告中也将虚拟现实称为下一代计算平台。由此可见，业界普遍认可虚拟现实具有成长为下一代计算平台的巨大潜力。

纵观科技发展史，我们已经经历了两代通用计算平台：电子计算机和智能手机。接下来，我们就从两代通用计算平台的发展历程和产业逻辑来看，为什么虚拟现实具有成长为下一代计算平台的巨大潜力，如图 8-1 所示。

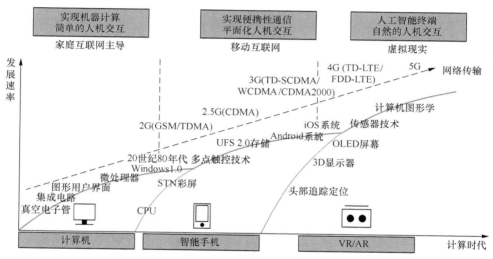

图 8-1　计算平台的演化

## 8.1.1　电子计算机的发展历程和产业逻辑

首先来看看电子计算机的发展历程和背后的产业逻辑。

1946 年，人类历史上第一台真正意义上的电子计算机 ENIAC 诞生。它最初建造的目的是用于军事领域的科学计算，用来协助完成火炮研制中涉及的大量重复性计算。ENIAC 与它之前计算机的最大不同在于开关电路的实现。ENIAC 采用了开关速度更快的电子管来取代传统机械控制的继电器，因而在计算速度上有了巨大的提升。它每秒钟可以执行 5000 次加法，这比以前最快的继电器计算机快了上千倍。另外，它采用穿孔卡来实现计算数据的输入输出，每分钟可以输入 125 张卡片，输出 100 张卡片 [1]。

ENIAC 的诞生具有划时代的意义，它标志着人类社会从此进入了电子计算机的时代。从算盘的出现开始，人类历经千年，才完成了让大脑的计算能力得到巨大提升的壮举。

由于 ENIAC 的最初目的是用于计算火炮的弹道，在设计过程中完全遵循这个目标。这样一来，ENIAC 就被设计成了只能解决火炮弹道这类问题的专用计算机，缺乏通用性。

为此，美国物理学家冯·诺伊曼提出了一种全新的电子计算机设计方案，一般称为"冯·诺伊曼系统结构"。按照冯·诺伊曼结构的思想，一台自动的计算机应该包括 4 个部分：计算器、控制器、存储器、输入输出设备，并由程序来自动控制。冯·诺伊曼结构具有重要的价值，它确立了通用计算机的标准体系结构。从此以后，所有的计算机，无论大小快慢，采用的都是冯·诺伊曼标准体系结构。1949 年，第一台采用冯·诺伊曼结构的电子计算机 EDVAC 问世。

20 世纪 50 年代，美苏两国冷战日趋加剧。美国政府希望利用电子计算机的计算优势，建立一个能使国家边境免遭空袭的半自动地面防御系统 SAGE。这个系统的核心是电子计算机，由 IBM 公司负责设计和制造。1956 年，IBM 交付了 SAGE 计算机的原型。

与之前的计算机相比，SAGE 计算机有了巨大的不同。它除了有更快的计算速度之外，还采用了最先进的磁芯存储器，能存储更多的数据。它还首次安装了一个实时操作系统，计算机可以实时处理计算任务，而不是像它之前的计算机那样，需要根据每次计算任务预先编辑程序进行批处理。此外，它还配备了打字机键盘与计算机"对话"；以及 CRT 显示器显示计算执行结果。因此，在易用性方面有了很大的提高，一般的操作人员经过学习和培训后，就可以上手使用 [2]。

ENIAC、EDVAC、SAGE 计算机都采用电子管作为开关电路的基本元器件，相较于之前的继电器设备，在运算速度上有了很大的提升，但电子管具有价格昂贵、耗电高、很容易损坏等缺点。相应的，采用电子管的计算机就会非常昂贵，运行和维护成本高，稳定性差，寿命短，因此很难大规模地普及。

1947 年，贝尔实验室的肖克利和巴丁发明了晶体管。相比电子管，晶体管的价格和功耗低了一个数量级，体积和重量降低了两个数量级，寿命却提高了一个数量级 [3]。晶体管的发明，在计算机领域引发了一场晶体管革命。1955 年，贝尔实验室研制出世界上第一台全晶体管计算机 TRADIC，其速度是电子管计算机的上百倍。随后，IBM 公司也研发出全晶体管计算机 IBM7000 系列。

　　与电子管计算机相比，晶体管计算机虽然在价格、功耗、体积等方面有诸多优势，但它们之间有一个共同点，即都是分立元件。采用分立元件时，为了提升计算速度，需要叠加更多的分立元件，这将带来设备体积不断扩大，稳定性变差等问题。这些问题的存在，同样限制了晶体管计算机的普及。

　　1958~1959 年间，德州仪器公司工程师杰克·基尔比和仙童公司工程师罗伯特·诺伊斯分别独立发明了集成电路。由此，人类社会进入了集成电路电子计算机的时代。计算机的速度变得更快，存储能力更强，体积更小，价格更便宜，同时可靠性也变得更高。计算和存储能力的提高，让计算机可以运行更复杂的操作系统和应用软件，由此带动了操作系统和应用软件的发展。

　　1964 年，IBM 公司研发了采用集成电路的大型计算机 IBM360 系列和后来经过升级的 370 系列。IBM 公司还为这些计算机研发了通用操作系统 system 360。与之前需要为每台计算机单独研发配套操作系统不同的是，system 360 是一个通用的操作系统，在 360、370 系列计算机中都可以使用。这带来一个好处就是，应用软件的兼容性更好，一款应用软件可以在配备了 system 360 系统的不同计算机上使用。IBM360、370 系列计算机非常成功，在航空、汽车等行业中得到了广泛的应用。由此，计算机逐渐走出科学计算领域，向商业和管理领域拓展。但是这些大型机有一个缺点，就是价格非常昂贵，中小企业、家庭根本用不起。

　　集成电路的发展催生了微处理器的诞生。1970 年，Intel 公司开发出了首款商用计算机 4 位微处理器 4004，它由 1 个移位寄存器，1 颗 ROM 芯片，1 颗 RAM 芯片以及 1 颗处理器芯片组成。此后，微处理器的发展按照摩尔定律一路狂奔，集成的晶体管数量越来越多，计算速度越来越快，价格却越来越低。微处理器的出现和应用，导致计算机的性能越来越强，但体积却越来越小，价格也越来越低。由此，计算机逐渐开始了向家庭普及的步伐。

　　在个人电脑市场上较早开始探索的是苹果公司。1974 年苹果公司推出了世界上第一台通用的个人电脑 Apple I。它仅仅是一个带键盘的主机，显示器要用家里的电视机，同时也没什么软件可用，因此 Apple I 的销售情况并不理想。

1977 年，苹果公司推出 Apple II 个人电脑。Apple II 在性能上有了很大提升，可用软件也丰富了不少，比如当时非常受用户喜欢的电子表格软件 VisiCale。凭借着出色的产品设计和高效的推广营销，Apple II 大获成功。

Apple II 的成功，说明了个人电脑的巨大市场潜力。这也刺激了在大型机市场一直保持主导地位但在个人电脑市场却犹豫不前的 IBM 公司。

1981 年，IBM 公司推出了个人电脑 Model 5150。在设计 Model 5150 的过程中，IBM 公司一改以前从硬件到软件都自给自足的业务模式，而是改为向外部其他供应商寻求合作。Model 5150 的主机板由 IBM 内部提供，处理器采用的是 Intel 8086，操作系统则是由微软公司提供的 MS-DOS，应用软件则是由第三方独立软件商基于 DOS 操作系统开发的。Model 5150 一经推出，便大受欢迎，当年就占领了 3/4 的市场份额。

Model 5150 的最大价值是，给业界带来了全新的开放性架构。因为美国国内反垄断调查的原因，IBM 公司向外界公布了 Model 5150 的技术标准体系。从此，其他公司就可以完全按照 IBM 公司公布的技术体系与产业合作模式，通过从外部采购软硬件然后自己组装的方式，做出自己品牌的计算机。这样一来，生产计算机的门槛一下就降低了，出现了很多生产 IBM-PC 兼容机的厂商，比如康柏、戴尔等。这极大地繁荣了个人计算机市场，个人计算机向家庭普及的步伐明显加快。

IBM 5150 使用的 DOS 操作系统非常难用。在 DOS 操作系统下，人们要记住各种命令，通过键盘输入命令符与计算机不断地对话，实现各种操作。这样的操作门槛是非常高的，尤其是对一般的家庭主妇、蓝领工人或者老年人来说。这非常不利于计算机的普及，人们需要一种更便捷的操作方式。

1973 年，施乐公司帕洛阿图研究中心（PARC）发明了图形界面操作系统和鼠标。1983 年，苹果公司借鉴了这些技术，推出了可用鼠标操作的，带有图形界面操作系统的个人电脑 Lisa，由此基本确立了个人电脑新的交互模式，这种交互模式一直延续至今。

苹果公司开发的图形界面操作系统，整整领先微软公司 DOS 操作系统一个时代。微软公司明显意识到了图形界面操作系统代表着未来，集中全公司的力量用了近 10 年的时间来研发。1990 年，微软公司才推出 Windows3.0。在市场策略上，微软公司延续了开放合作的方式，将 Windows3.0 授权给其他厂商使用，以及面向第三方软件厂商开放，此举确立了个人计算机市场的产业结构，以及微软公司的领先地位。

从 20 世纪 90 年代至今，电子计算机的整体结构、交互方式并没有改变。改变的是，按照摩尔定律，整体性能越来越好，价格却越来越便宜。随着互联网的普及，计算机在生产生活中的应用范围越来越广，在家庭中的普及度越来越高。

从电子计算机的发展历程，可以总结如下。

（1）基础技术的发展是推动电子计算机发展的基础动力。从电子管到晶体管到集成电路，电子计算机的性能越来越好，体积越来越小，价格却越来越便宜。整体计算、存储性能的提高，激发了功能更强的操作系统和应用软件的发展。

（2）行业标准的确立，可以降低产业合作成本，加快电子计算机的发展。冯·诺伊曼结构确立了电子计算机的基本结构，IBM-PC 确立了电子计算机的开放性架构。这些结构的确立最终形成通用的行业标准，加快了电子计算机行业的发展。通用操作系统的出现，为应用软件确立了行业标准，解决了应用软件的兼容性问题，促进了应用软件市场的繁荣。

（3）应用的丰富，是促进电子计算机从科学计算领域，走向企业，走向大众的重要因素。电子计算机的普及首先要解决"有什么用"的问题，只有用处越多，才越容易走向普及。从只能用于计算，到企业应用，到字处理 / 电子表格等办公软件，到游戏，到与互联网结合带来的信息和应用爆炸，电子计算机与人们生活结合得越来越紧密，用处也越来越多。

（4）价格和设备的便携性，是影响用户选择的重要因素。早期昂贵的大型机限制了电子计算机走向普通中小企业和家庭。IBM-PC 兼容机的出现，加上摩尔定律的作用，让个人电脑价格出现了大幅度的下降，电子计算机才开始在家庭中大规模的普及。

（5）人机交互的升级是背后产业能力提升的结果，但近年来电子计算机的人机交互并没有取得突破。正是因为计算、存储能力的提升，才能发展功能更强的操作系统和交互模式。但是自从苹果公司推出 Lisa 个人电脑，确立了键盘 + 鼠标的输入方式，以及物理显示屏的显示方式之后，电子计算机的人机交互方式就再也没有取得过突破了。

（6）电子计算机的发展，需要完整的生态系统，需要系统内各厂商的协同合作。早期的电子计算机，从硬件到系统，到应用软件，全在企业内部解决。不同企业之间硬件标准不一样，系统不一样，导致元器件厂商和应用软件厂商无法形成规模效应。IBM-PC 兼容机以及开发通用操作系统的出现，确立了硬件和软件技术标准，在此基础上形成了完善的生态系统。正是在完善生态系统的推动下，电子计算机才走上了快速普及的道路。

## 8.1.2　智能手机的发展历程和产业逻辑

个人电脑和互联网的结合，让个人电脑突破了计算工具、办公工具的定位，向生活工具演化。通过个人电脑＋互联网，人们可以查询各种信息，可以足不出户就买到想要的商品，让人们的生活越来越便捷。

个人电脑有一个巨大的局限，就是移动性、便携性太差。人们只能在固定的位置使用它，但人类天生就是在不断移动的，即使是在家里，人也是在不断移动的。

早在 20 世纪 90 年代，个人电脑还处于普及阶段的时候，人类就在尝试将个人电脑设备移动化、便携化。PDA（Personal Digital Assistant，掌上电脑或个人数据助理）概念和设备就是在这样的背景下被提出来的。世界上第一款 PDA 出现在 1983 年，由苹果公司研发设计，名为"Newton"。但由于理念过于超前，设备体验并不太好，加之价格又非常昂贵，最终销售情况并不理想。

1996 年，Palm 公司研发设计了一款 PDA，名为"Pilot 1000"。Palm Pilot 系列支持手写输入信息，具有个人信息管理、电子书、上网收发邮件等功能，且体积轻巧，一经推出便受到消费者的欢迎。

随着移动电话的发展，手机开始逐步普及。手机优越的移动性，加之移动通话的刚需特征，使得手机很快成为人们最常使用的电子设备。将手机和 PDA 的功能进行结合，形成智能手机，又成为新一轮的尝试。

全球首款智能手机是 IBM 公司在 1994 年推出的"IBM Simon"。这款手机配备了使用手写笔的触摸屏，除了通话功能之外，还具备 PDA 及游戏功能。1996 年，诺基亚公司推出了名为"Nokia 9000 Communicator"的折叠式智能手机。该款手机在折叠状态下就是一款手机，打开后则会出现 QWERTY 物理键盘、十字键以及长方形黑白显示屏等。因为具备连接互联网收发邮件的功能，因此非常受商务人士的青睐 [4]。

进入 2000 年后，市场上出现了多款采用通用操作系统的智能手机。首次采用塞班系统（Symbian）的智能手机，是爱立信公司推出的 R380，该款手机采用了黑白触摸屏，并内置 WAP 浏览器，可以实现简单的上网浏览等功能。2006 年，诺基亚公司推出 N73，迎来了塞班系统的巅峰时代。2003 年，加拿大 RIM 公司推出黑莓（BlackBerry）手机，该机配备 QWERTY 物理键盘键，融合了电子邮件、SMS 及 Web 浏览等功能。

这些智能手机还是没有摆脱以通信为主，而不是以计算机为主的思路限制。它们虽然能够上网或者玩游戏，但仅限于收发邮件，或者浏览一些简单信息的基本操作，用户体验相当差，与传统手机相比，优点并不明显。

2007 年，苹果公司在经过 iPod 等移动电子设备的多年尝试后，推出了第一代 iPhone 智能手机。这款手机配备虚拟键盘，由于没有物理键盘的限制，显示屏幕大了很多。在交互方面，所有操作都以点击触摸屏的方式来完成，体验非常新颖和流畅。在内容方面，除了电子邮件、网页浏览之外，还提供音乐播放等服务。第一代 iPhone 的推出，为智能手机行业提供了事实上的体验标准，从此智能手机行业走上了快速发展的道路。

随着 3G、4G 网络的发展，移动应用开始逐步丰富，智能手机与人们的生活结合得越来越紧密。智能手机摆脱了个人电脑的限制，让人们可以随时随地地接入网络，获得信息和服务。

回顾智能手机的发展历程，总结如下。

（1）智能手机是基于计算机多年发展成果而发展起来的，是对个人计算机产业多年发展成果的继承。智能手机继承了冯·诺伊曼定义的计算机通用结构，也继承了个人计算机多年发展形成的产业能力、产业体系及产业运营经验。正是因为继承了这些产业基础，相对于个人计算机而言，智能手机的发展和普及速度明显更快。

（2）智能手机不仅是对个人计算机的继承，也是发展。首先，智能手机的移动性、便携性，突破了个人计算机在这些方面的不足。其次，智能手机触控触摸屏的输入方式，是对个人计算机鼠标 + 键盘输入方式的发展，这种输入方式更人性化、更自然。

（3）智能手机的屏幕尺寸明显小于个人计算机，因此在视觉体验上要逊色不少。由此可见，便携性和视觉体验是一个不可调和的矛盾，屏幕尺寸越大，视觉体验越好，但是便携性却越差。

（4）因为特殊的移动性、便携性特征，智能手机与人的生活结合得更加紧密，给人类的生活带来极大的便利。

## 8.1.3　虚拟现实成为下一代计算平台的巨大潜力

对比个人计算机和智能手机，可以总结出它们存在如下的共同点。

（1）在输出信息的形态上，以文字、平面图像为主。人们通过这些信息，间接地理解和揣摩表达者的意思，间接地感受和体会文字和图像所传达的场景信息。

（2）在输出体验上，显示输出以物理屏幕为承载，由于技术和成本等原因，物理屏幕的尺寸总是有限的。不管屏幕是大还是小，人们看到的内容终归是局限在有限尺寸的屏幕上，并且人们还必须时刻盯着屏幕看，否则将看不到屏幕上的信息。语音输出则以自带的扬声器或者外接设备为主。

（3）在输入方面，个人计算机以键盘＋鼠标为主。智能手机因为本身尺寸的限制，物理键盘的输入方式明显不适合，而是由更自然的手指触控输入来代替。

由此可见，通过个人计算机和智能手机，人们能接收到的信息是非常有限的：首先是平面的；其次是被限定在有限尺寸的物理屏幕上；最后是仅有视觉和听觉层面的有限信息。在输入方面，人们需要借助键盘＋鼠标来实现信息输入，或者仅能通过手指触控物理屏幕来实现信息输入。

这与人们在现实生活中的交互方式和体验有着巨大的差异，而虚拟现实正是试图通过对现实的模拟，进一步完善和丰富人们在虚拟世界中的体验。

在虚拟现实的世界里，人与计算机的互动方式，变成了我们非常熟悉的手势、语音等。我们的视野不断拓宽，不再局限于物理的屏幕，而是一个360°的全景图像。随着我们头部、身体位置的变动带来的视野变化，观看到的图像也会相应地发生变化。除图像视觉体验之外，还能得到听觉、触觉等更丰富的体验信息。

这样的交互体验，是对人在真实世界中交互体验的完整复制，是对个人计算机及智能手机交互体验的进一步升级。虚拟现实具有成为下一代计算平台的巨大潜力，恰恰就来自于其在交互体验上的革命性变化。

虚拟现实这种革命性的交互体验，将带来巨大的影响。

（1）在沉浸式的虚拟现实场景中，信息的呈现形式将由二维升级为三维全景，由线性转变为非线性。

（2）虚拟现实通过模拟现实实现信息的回归，人们接收到的信息是如此真实和丰富，如同全景再现一般。当用户置身于虚拟现实所营造的虚拟世界之中时，仿佛被带回到真实现场，届时人们将不再是那个被隔离在内容之外的观看者，而是内容的参与者和体验者[5]。

（3）我们的认知是被身体及其活动方式塑造出来的，认知、身体、环境是一体的，认知存在于大脑，大脑存在于身体，身体存在于环境。而在虚拟现实里，我们可以随意操控身体以及身体所处的环境，进而改变人的认知。这为人类认识自我和认识世界提供了新的方式。

## 8.2　虚拟现实成为下一代计算平台面临的挑战

个人计算机及智能手机的发展和普及，为虚拟现实打下了良好的基础，但虚拟现实在奔向下一代计算平台的道路上依然存在诸多挑战。

（1）设备便携性问题

从大型机到个人计算机到智能手机，人类在追求便携性的道路上是永无止境的。因此虚拟现实要想成为下一代计算平台，在设备形态上就不能仅仅局限于主机型，而是应该朝一体机发展，但一体机对设备的计算能力、元器件的小型化以及整机的系统集成能力都提出了更高的要求。

一体机需要独立供电，而虚拟现实画面需要消耗的计算资源是传统视频的几倍，更大的计算量意味着更快的电力消耗。这将给设备的电池续航能力带来较大的压力。同时，巨大的电力消耗将进一步引发设备发热等问题。

在线虚拟现实体验，具有数据密度大，实时性要求高等特点，这对信息网络的带宽、时延等均提出了巨大的挑战。同时，当前信息网络的定价模式，必然也不适用于虚拟现实大数据量的特征，需要新的定价模式。

（2）眩晕感问题

从个人计算机和智能手机的发展历程来看，设备首先应该是可用的，长时间的使用不会给用户带来特别明显的不适感是首要的、基础性的条件。虚拟现实设备当前普遍存在眩晕感问题，将直接限制用户的使用时间，进而对设备的可用性提出质疑。眩晕感是一个综合体验问题[6]，背后涉及计算、显示、交互等一系列的问题。

双目立体视觉显示技术，存在一个固有的缺陷，就是显示的图像没有深度信息，这是导致眩晕的根本性原因。要彻底解决这个问题，需要新的革命性的显示技术，比如光场显示技术。

造成眩晕的另外一个重要原因，是运动信息感知的错位，即用户在虚拟世界中感知到的运动状态和用户身体在现实世界中的运动状态的不一致。比如，当用户玩 VR 酷跑游戏时，在虚拟世界中感受到的是奔跑的状态，但现实中用户却是坐着、静止的。这就需要更完善的人机交互系统，完整捕捉用户在虚拟世界和现实世界中的各种状态信息，并且相互映射起来，做到同步对应反馈。

此外，高延迟也是造成眩晕的重要原因[7]。延迟指的是用户从产生输入（如头部转动），到得到相应输出反馈（比如看到图像变化）之间的时间差。如果延迟时间过长，就会造成眩晕。以头部转动为例，从转动头部到实际看到变化后的图像之间，共需要经历三个环节：传感器检测到头部转动角的变化→计算单元计算出新的需要渲染的图像→屏幕同步更新图像。每个环节都会产生延迟，当总延迟高于 15ms 时，就会产生较为明显的眩晕。解决方案是，检测频率和精度更高的传感器，更强的计算单元，刷新频率更高的显示屏幕。

计算方面，更全面的交互和更低的延迟，要求能够快速对交互信息进行判断，以及根据交互信息快速调整输出反馈信息，这对设备的计算能力是巨大的挑战。此外，光场显示等新的显示技术对计算量的要求更是提高了几个数量级。

（3）行业标准的缺位

电子计算机以及智能手机的发展历程说明了行业标准的重要性。当前虚拟现实行业标准处于缺位状态，这将导致产业生态难以形成，产业合作成本高，虚拟现实体验价格居高不下的局面。

当前，除虚拟现实的 3I 体验特征是行业共识之外，整个行业缺乏更细致、更具体的体验标准、内容制作标准等相关行业标准，以及缺乏通用的操作系统。这将直接带来元器件厂商的开发成本高，很难形成规模效应，虚拟现实应用在不同平台上的兼容性差，用户体验的参差不齐，虚拟现实设备价格较高等问题，最终导致很难形成一个完整的虚拟现实生态系统。

（4）虚拟现实应用的匮乏

虚拟现实全新的交互模式，将颠覆传统的内容生产理念、生产模式以及生产工具，导致应用开发复杂度、成本的增加，进而带来虚拟现实应用发展的滞后。体验内容的匮乏，带来用户购买欲望的降低，进而阻碍虚拟现实的普及步伐。

以影视行业为例，虚拟现实对影视内容制作带来了巨大的调整。虚拟现实影视的全景感知，以及沉浸感、交互性、构想性体验，使得用户可以转换观看的视角，并按自己需要的不同线索继续探索下去。导致虽然是同一部电影，但不同的用户体验到的可能是完全不一样的内容。用户不再仅仅是接受的观众，而是与虚拟现实内容一起，构成了一个完整的可操作的世界。这与传统影视的导演逻辑、叙事逻辑、观众的欣赏逻辑是完全不一样的。传统的制片流程和规范、拍摄工具、制作经验不再适用，需要从零开始重新探索。

（5）健康问题

虚拟现实可能会对人体某些部位的生理机能带来一定的负面影响。比如，虚拟现实的显示输出系统离人眼只有几厘米的距离，可能会对人眼造成一定的伤害。

游戏上瘾问题在 PC 时代就已经出现，并引发了广泛的社会关注。相对于传统游戏而言，虚拟现实游戏独特的沉浸感和交互体验，具有更强大的视觉和心理冲击。因此，人们有理由担忧，虚拟现实游戏更有可能带来上瘾的问题，进而引发各种精神问题。比如，英国诺丁汉特伦特大学心理学家 Angelica Ortiz de Gortai 提出的游戏迁移症等问题 [8]。

根据德国汉堡大学 Frank Steinicke、Gerd Bruder 教授的研究发现，人们在体验虚拟现实之后，容易对虚拟世界和现实世界产生迷惑。在看一些物品和事件时，分不清它们究竟是出现在现实世界中，还是出现在虚拟世界中。也就是说，虚拟世界会影响真实生活，这将对人类的生存带来重要的影响。

## 8.3　虚拟现实发展展望

近年来，光场显示技术、人工智能等技术获得了较快发展。它们与虚拟现实的结合，将把虚拟现实的发展推向更高阶段。

（1）虚拟现实与光场显示技术的结合

在现实世界中，人眼是通过焦点调节和辐辏作用，来保障既可以看清不同距离的物体，又可以从事景深信息判断。焦点调节，指的是改变人眼晶状体形状和收缩睫状肌，以改变人眼的屈光能力，达到看清楚物体的目的。辐辏作用，指的是人眼在调节焦点的同时，双眼的视轴随之向内侧转动，使双眼的视轴固定在被注视的物体之上，且人眼在看真实物体时，辐辏作用与焦点调节是一致的。

在观看当前虚拟现实设备采用双目立体视觉技术投射的立体影像时，人眼的焦点处于显示屏幕上，但是辐辏作用却处于虚拟立体图像上，这些虚拟立体图像经过人脑合成后，延伸显示到了屏幕之前，或者深入显示到了屏幕之后。这就造成了焦点调节与辐辏作用的不一致，这种视觉特性与人类长期形成的立体视觉心理特征有一定的出入。这种不一致和出入，会导致用户出现诸如视力模糊、眼睛干涩、眩晕复视、羞光甚至恶心呕吐等视觉疲劳症[9]。

此外，在自然世界里，当人眼聚焦到一个物体时，其他距离的物体应该都是模糊的，但在双目立体视觉显示里，不管人眼聚焦到哪里，其他距离的物体成像都是清楚的。

采用光场显示技术，则不会出现辐辏与焦点调节的不一致问题，观看时不会头晕目眩，因此光场显示技术更加自然健康。

目前，光场显示技术主要有两种方法：空间复用和时间复用。空间复用，简单说就是把一个像素当几块，用来实现不同的聚焦距离。典型代表是英伟达公司和斯坦福大学合作开发的"光场立体镜"。时间复用，就是用高速原件来快速产生不同的聚焦距离，让人眼以为它们是同时产生的。典型代表是 Magic Leap 公司采用的高速激光光纤扫描技术[10]。

英伟达与斯坦福大学合作开发的"光场立体镜"原型机，采用两个间隔 5 mm 相连的 LCD 面板做成的分层显示器，并利用独特的算法，使图像不同部分在两层显示器上呈差异化显示，距离远的物体会在后面的那层显示器上显示更多细节，距离近的则在前面的那层显示器上显示更多细节。此外，还设置了一个微透镜阵列，与双层显示器配合使用。微透镜阵列能够捕获双层显示器上不同光照强度之类的信息，以及光线在空间内传播的方向，由此生成一个四维光场。因此，人眼看到的图像景深信息更加立体，虚拟环境变得更加"自然真实"，可以最大限度地减少晕动症等问题。

Magic Leap 公司光场显示的核心，是一种特殊的光学显示设备——光导纤维投影仪（Fiber Optic Projector）。在光导纤维投影仪中，有许多根光导纤维，集结成二维阵列，每根纤维都相当于一个针孔相机，二维相机阵列生成了光场。投影仪中的促动器，根据要显示的图像，引导光纤阵列顶端周期性地颤动。光纤阵列的颤动会射出相应激光，这些激光经由透镜系统输出，在空中画出相应的一簇射线，投射到空中便形成了一幅图像。同步地改变颜色和颤动强度，利用分时技术，可以得到一幅带有完整景深信息的立体图像[11]。

　　Magic Leap 的光场显示技术面临着许多技术瓶颈。首先是计算复杂度问题，光场显示需要计算整个四维光场，计算复杂度提高了几个数量级。其次是精确控制问题，为了实时精确显示画面信息，需要精确地调控机械部件，使得每一个纤维都稳定自然地颤动，并且这种颤动还不能受到外界噪声的影响，这对控制精度提出了非常严苛的要求。

　　（2）虚拟现实与人工智能的结合

　　虚拟现实设备具有感知和交互功能及可穿戴性特性，因此可以对个人信息进行更完备的追踪、记录。这主要体现在两个维度：一个是时间维度，虚拟现实作为可穿戴设备，可以实现对用户信息长时间的连续追踪记录；另一个是追踪记录个人信息的维度将变得更丰富，使用者的所有行为信息、消费信息都能被追踪和记录。这些多维度的连续信息，让用户大数据变得更"大"。对这些信息的充分分析和利用，可以帮助用户更好地体验虚拟现实内容。未来甚至可以通过这些大数据信息，去重构一个人过往以及未来的全部生活，人在数字世界中将有可能获得永生。

　　随着可用于训练的数据的积累，以及相关算法的进步，近年来人工智能取得了巨大突破。虚拟现实让数据量进一步爆炸，数据维度进一步丰富和完善，这将直接推动人工智能的深入发展，届时虚拟现实与人工智能必将结合。

　　人工智能将会让虚拟场景变得真正智能起来。虚拟现实内容不再根据预先设计好的情节线性推进，而是根据用户的行为和意图，智能地按照用户的想法循序展开。虚拟现实内容中的各种对象不再根据预先设计好的方式机械地做出反应，它们都会被赋予独特的智慧和个性，根据用户的意图，去智能地调整它们做出的反应。虚拟世界将不再是"死"的，而是真正地"活"过来了。虚拟世界变得真实，用户获得真正的沉浸感、交互性和构想性体验。Facebook公司 CEO 马克·扎克伯格认为的"有智慧的世界才是真正的第二世界"将真正实现[12]。

　　虚拟智能助手将会出现并成为人们最常使用的工具之一，人的生活将变得更智能。相对于今天 Siri 等语音助手类应用，虚拟智能助手将更加智能，它能独立思考并做出独立判断。它通过综合分析用户在虚拟世界和现实世界中的各种信息，来辅助用户思考和决策，并通过虚拟现实技术展现在用户眼前。

　　届时虚拟现实的特征将由3I成为4IE，除传统的沉浸感、交互性和构想性之外，虚拟现实系统将会具有智能（Intelligent）和自我演化（Evolution）的特征 [13]。同时，虚拟现实场景建模技术会从目前以几何、物理建模为主，向几何、物理、生理、行为、智能建模方向发展。

# 参考文献

[1] 电子计算机 [EB/OL]. http://computer.xjtu.edu.cn/zjjsj/2.1.htm

[2] SAGE 第一个全国防空网络 [EB/OL]. http://www-31.ibm.com/ibm/cn/ibm100/icons/sage/index.shtml

[3] 吴军 . 文明之光（第三册）[M]. 北京：人民邮电出版社，2014

[4] 智能手机发展史 [EB/OL]. http://bbs.cnmo.com/thread-14514831-1-1.html，2013

[5] 虚拟现实将把人类带向何方 [EB/OL]. http://www.infzm.com/content/114471，2016

[6] Tom Forsyth VR Sickness, The Rift, and How Game Developer Can Help[EB/OL]. https://developer.oculus.com/blog/vr-sickness-the-rift-and-how-game-developers-can-help/，2013

[7] MAbrash. Latency- the sine qua non of AR and VR[EB/OL]. http://blogs.valvesoftware.com/abrash/latency-the-sine-qua-non-of-ar-and-vr/，2012

[8] 网易科技报道虚拟现实并非完美无瑕，还要知道这些潜在风险 [EB/OL]. http://tech.163.com/15/0421/06/ANN3QEEH00094P0U_all.html，2015

[9] 李思思 . 辐辏与焦点调节不一致所引发的立体影像视觉疲劳研究 [D]. 北京邮电大学硕士学位论文，2012

[10] Wanmin Wu, 董飞 . Magic Leap 不得不说的秘密 [EB/OL]. http://tech.qq.com/a/20160227/009625.htm，2016

[11] Magic Leap 核心技术解密 . http://blog.sciencenet.cn/blog-2472277-954754. html

[12] 顾险峰 . 虚拟现实的未来必将与人工智能高度融合 [EB/OL]. http://field. 10jqka.com.cn/20160329/c588846793.shtml，2016

[13] 中国投资咨询网 . VR 进入爆发前夜，"VR+" 将产生大量行业颠覆性应用 [EB/OL]. http://cena.baijia.baidu.com/article/461277，2016

VR:
when fantasy meets reality

VR:
when fantasy meets reality

第 9 章

# 从虚拟现实到增强现实

VR:
when fantasy meets reality

VR:
when fantasy meets real

VR:
when fantasy meets reality

VR:
when fantasy meets reality

## 9.1　虚拟现实与增强现实的区别和联系

### 9.1.1　增强现实的概念

增强现实（Augmented Reality，AR）是一种将真实世界信息和虚拟世界信息叠加集成的技术，通过计算机图形学和可视化技术，生成现实环境中不存在的虚拟对象和信息，并借助显示设备将虚拟对象准确叠加在真实环境中，实现虚拟对象与真实环境的融合。

增强现实的基本原理是在相机拍摄的真实环境中，根据被拍摄物体的位置、属性及拍摄角度等特征，实时地叠加与被拍摄真实环境对应的虚拟物体及相关信息。增强现实把虚拟的信息应用到真实世界并被人体感官所感知，带给用户超越现实的感官体验。

例如，将移动终端摄像头对准超市的货架，终端显示屏就会在当前画面上叠加该超市商品的对应价格及优惠信息。增强现实通过将虚拟信息应用到真实世界中，不仅展现了真实世界的信息，而且将虚拟的信息同时显示出来，两种信息相互补充叠加，如图 9-1 所示。

图 9-1　增强现实效果

增强现实作为现实世界和虚拟世界的桥梁，包含两方面的主要特征：第一，增强现实的优越性体现在实现虚拟对象和真实环境的结合，让真实世界和虚拟物体共存；第二，增强现实可以实现虚拟世界和真实世界的实时交互，满足用户在现实世界中真实地体验虚拟对象，增加了趣味性和互动性。

自 20 世纪 70 年代以来，科技界和工业界对增强现实展开大量的研究实践，并在尖端武器和飞行器的研发、教育与培训、娱乐与艺术等领域取得了一定的成果。

经历 30 余年的市场探索，随着手机、平板电脑等智能终端和移动互联网的快速发展，增强现实进入了发展的快车道，增强现实领域的应用软件和终端产品逐渐被大众知晓并陆续进入了消费者市场。

2010 年荷兰的软件开发商 SPRXmobile 推出了全球首款增强现实浏览器 Layar，帮助用户通过智能手机获取当前环境的详细信息。2012 年 4 月，谷歌正式发布了谷歌眼镜（Google Glass），该产品通过微型显示屏提供辅助信息，结合语音交互，可为用户提供导航、短信、电话、拍照等功能。2015 年 1 月，微软发布了增强现实眼镜 HoloLens，支持将三维虚拟物体呈现在用户所处的真实环境中，并允许用户通过体感动作或者声音与虚拟物体交互。

可以预期，随着业界巨头不断推出增强现实的标杆性产品，增强现实将逐步深入到人们的工作、生活与娱乐等活动中。通过对现实世界和虚拟世界的无缝连接，增强现实将给社会生活的各环节带来重大变革，具有广阔的应用前景。

## 9.1.2　虚拟现实与增强现实的关系

一般认为，增强现实技术的出现源于虚拟现实技术的发展，增强现实与虚拟现实的共性一致，在本质上是相通的。

虚拟现实通过计算机生成可交互的三维环境，给予用户一种在虚拟世界中完全沉浸的效果，是另外创造一个世界。增强现实则是在真实世界的基础上，将虚拟的数据叠加在现实环境当中，利用同一个画面进行呈现，增强了用户对现实世界的感知。

虚拟现实与增强现实的区别主要体现在以下三个方面。

（1）用户体验不同

虚拟现实强调用户在虚拟环境中视觉、听觉、触觉等感官的完全沉浸，强调将用户的感官与现实世界绝缘。增强现实不仅没有隔离周围的现实环境，而且强调用户在现实世界的存在性并努力维持其感官效果的不变性。增强现实系统致力于将虚拟环境与真实环境融为一体，从而增强用户对真实环境的理解。因为用户体验的不同，虚拟现实和增强现实的应用领域和场景也随之有所差别。

（2）关键技术有不同侧重

虚拟现实侧重于生成虚拟场景供用户体验，包括基于计算机开发虚拟现实三维环境和基于全景相机拍摄真实全景视频。虚拟现实主要关注虚拟场景是否有优良的体验，核心技术基于计算机图形学、计算机视觉和运动跟踪等。增强现实则强调在真实环境的基础上叠加虚拟对象，因此除了虚拟现实用到的技术外，增强现实还需要实现虚拟物体与真实物体的对准，保证虚拟对象可以无缝地被叠加在真实环境中，其最关键的技术是跟踪注册技术 [1]。

（3）终端设备不同

虚拟现实需要使用能够将用户视觉与现实环境隔离的终端设备，一般采用浸入式头戴式显示器。而增强现实是现实场景和虚拟场景的结合，没有完全浸入的要求，只要配备摄像头或者视觉采集模块的设备都可以成为增强现实终端，包括 PC、手机、增强现实眼镜等。

## 9.2　增强现实的关键技术

增强现实的核心目标是把计算机生成的虚拟对象准确地叠加在真实场景上，并允许用户与当前场景实时交互。增强现实与虚拟现实在计算机图形学、计算机视觉和人机交互等方面具有高度的技术相似性，这里重点介绍增强现实区别于虚拟现实的关键技术，主要包括显示技术、跟踪注册技术和实时绘制技术。

### 9.2.1　显示技术

#### 9.2.1.1　头戴式显示器

增强现实头戴式显示器根据真实环境的采集和呈现方式，可分为基于相机拍摄原理的视频透视式头戴式显示器和基于光学原理的光学透视式头戴式显示器两类。

视频透视式头戴式显示器首先由安装在头戴式显示器上的微型相机拍摄外部环境的图像，然后将计算机渲染生成的虚拟信息或图像叠加在摄像机视频上，通过视频信号融合器融合计算机生成的虚拟场景与真实场景，最后通过显示系统呈现给用户。

光学透视式头戴式显示器则在用户眼前安装一对半透明半反光的光学合成器。真实场景直接通过光学合成器透视呈现给用户，虚拟场景经光学合成器反射而投射到用户眼中。光学合成器实现了对真实环境与虚拟对象的融合。

视频透视式和光学透视式头戴式显示器在视场角、分辨率、注册精度、系统延迟等方面都有不同表现。光学透视式头戴式显示器对真实环境几乎无损显示，用户获得的信息比较可靠全面，但真实环境与虚拟图像的融合难度较大；视频透视式头戴式显示器对真实环境的复现不够理想，但真实环境与虚拟对象的融合却相对容易。

### 9.2.1.2 非头戴式显示技术

非头戴式显示技术一般包括投影显示技术和手持设备显示技术[2]。

投影显示技术不需要用户佩戴任何显示设备，其基本原理是将虚拟物体的图像直接通过投影机或者其他光学设备投射到真实物体的表面。投影显示设备更加适合室内增强现实环境，但其生成图像的焦点不随用户视角的变化而改变。

目前最常见的手持显示设备就是手机等移动终端，其基本原理是通过终端的摄像机拍摄真实环境，通过终端的计算能力生成虚拟对象并和真实环境叠加融合，通过终端显示屏呈现最终效果。这种方式具有易于携带和自由移动的优点，主要应用于广告、教育、游戏和培训等活动中。

### 9.2.2 跟踪注册技术

跟踪注册技术是增强现实最为关键的技术。其主要任务是需要根据用户的观察角度，实时建立虚拟空间坐标系与真实空间坐标系的转换关系，将虚拟对象准确叠加在真实场景的正确位置。增强现实跟踪注册技术通常分为三种：基于传感器的跟踪注册技术、基于计算机视觉的跟踪注册技术和复合跟踪注册技术[3]。

### 9.2.2.1　基于传感器的跟踪注册技术

基于传感器的跟踪注册技术主要包括基于电磁传感器、基于超声波和基于惯性测量单元等。

（1）基于电磁传感器

电磁传感跟踪注册通过对磁场相关参数进行测量来确定被测目标的位置或朝向。用于位置跟踪的电磁传感系统一般由控制部件、磁场发射器和接收器组成。发射器与接收器均由 3 个相互正交的电磁感应线圈组成。发射器通过电磁感应线圈产生磁场，接收器接收到磁场，并在感应线圈上产生相应的电流。根据接收到的电流信号，控制部件通过相关计算，可得到跟踪目标相对于接收器的位置和朝向。

电磁传感器的优点在于价格低、精确、没有视线遮挡问题、有较好的噪声免疫力，可用于大范围跟踪；缺点是容易受周围环境中磁场或金属的影响。

（2）基于超声波

常用的超声波跟踪装置由发射器、接收器和处理单元组成。发射器是一个固定的超声波发生器，接收器一般由呈三角形排列的三个超声探头组成。通过测量超声波从发送器到接收器的时间或者相位差，处理单元可以计算并确定接收器的位置和方向。

基于超声波跟踪装置的优点是成本较低，没有磁场干扰，设备轻便。缺点是跟踪结果有较大延迟，实时性较差，声源和接收器间不能有大的遮挡物体，受环境中噪声和多次反射的干扰较大。

（3）基于惯性测量单元

加速度传感器和陀螺仪组成了惯性测量单元。基于惯性测量单元，可以实现对运动物体的六自由度动作捕捉，即三个平移（沿着 $x$、$y$、$z$ 轴）和三个转动（偏航、俯仰、横摇）自由度。基于惯性测量单元的跟踪技术对环境要求并不苛刻，其优点在于速度快、体积小、没有视线或磁场干扰等问题，目前广泛应用于基于移动终端的增强现实系统。

### 9.2.2.2　基于计算机视觉的跟踪注册技术

基于计算机视觉的跟踪注册技术主要有基准点法、模板匹配法和仿射变换法等。

（1）基准点法

基准点法需要事先对相机进行标定，获取相机的内参数，并设置相应的标记或基准点；然后对获取的图像进行分析，计算相机的位置和姿态等外部参数。

基准点法的原理是先从图像中提取一些已知的对象特征点，找到真实环境和图像中对应点的相关性，然后由相关性计算出对象姿态。这个过程也就是对从世界坐标转换到摄像机坐标的模型视图矩阵的求解过程。通常，特征点可以由孔洞、拐点或人为设置的标记来提供。

根据所使用相机的数量不同，基准点法又可分为基于单相机的方法和基于双相机立体视觉方法。对于单相机方法，至少需要 4 个特征点来标记；对于立体视觉方法则需 3 个特征点就可标记，同时可以通过视差获取深度信息。在增强现实系统中，通常会根据设备条件和场景需求，将单相机方法和立体视觉方法结合使用。

（2）模板匹配法

模板匹配法同样需要事先对相机进行标定，获取内参数。模板匹配法的基本原理是对拍摄到的环境中平面上的特定图案进行提取，并与已有模式进行匹配。如果匹配成功即可以该图案为基准，确定要在该图案上叠加的虚拟对象的位置和姿态。

模板匹配法的优点是方便快速，使用普通 PC 机或者手机即可实现高速匹配；缺点是鲁棒性不够，在匹配过程中要尽量避免对图案的遮挡。

（3）仿射变换法

仿射变换法的基本原理是将物体坐标系、相机坐标系和场景坐标系合并，建立一个全局仿射坐标系，将真实场景、相机和虚拟对象定义在同一坐标系下，以绕开不同坐标系之间转换关系的求解问题。这种方法的优点是仿射变换法不需要摄像机位置、相机内部参数和场景中基准标志点位置等先验信息；缺点是不易获得准确的深度信息，在实时跟踪方面存在一定困难。

## 9.2.2.3　复合跟踪注册技术

基于计算机视觉的跟踪注册技术具有较高的精度，但对于物体的运动速度和环境的遮挡及光照条件均有较苛刻的要求。而基于传感器的跟踪注册技术虽然在精度和实时性方面存在一定不足，但鲁棒性和稳定性却具有较大的优势。

在增强现实系统中，目前大量采用结合计算机视觉和传感器的复合跟踪注册技术。通常是先由传感器估计物体的位置姿态，再通过计算机视觉的方法进一步精确调整定位。典型的复合跟踪注册方法包括计算机视觉与电磁传感器结合、计算机视觉与惯性测量单元结合等。

### 9.2.3　场景实时融合绘制

在真实场景中，物体往往具有不同的深度信息，物体之间会随着用户视点的位置变化产生不同的遮挡关系。与此同时，场景中还会存在其他的动态物体（如人、车等）造成更为复杂的遮挡关系。在增强现实系统中，每一个被绘制的虚拟物体均需要被准确地放置在场景中，并与周边不同深度的景物具有正确的遮挡关系。这就需要场景绘制系统能够在实时估计场景深度的基础上，实现有效的遮挡处理和碰撞检测[4]。

遮挡处理需要首先计算当前场景图像上每个像素点的深度信息，然后根据用户的视点位置、虚拟物体的插入位置及深度信息等，对虚拟物体与真实物体的空间位置关系进行分析。如果虚拟物体被真实物体遮挡，则在显示合成场景图像时只绘制虚拟物体中未被遮挡的部分，而不绘制被遮挡的部分。

碰撞检测需要对虚拟物体和真实世界中物体的运动关系进行分析，当一个虚拟物体被人为操纵时，需要能够检测到它与真实世界中物体的碰撞行为，并实现对弹跳、力反馈等物理响应的绘制和输出。

## 9.3　增强现实典型产品

### 9.3.1　终端产品

#### 9.3.1.1　微软 HoloLens

微软 HoloLens 增强现实眼镜是微软在 2015 年 1 月推出的一款头戴式增强现

实终端，可以完全独立使用，无需线缆连接、无需同步电脑或智能手机，如图 9-2
所示。HoloLens 通过多个传感器、全息显示技术和多麦克风阵列的立体声场技术
来创造沉浸式、互动的增强现实体验。

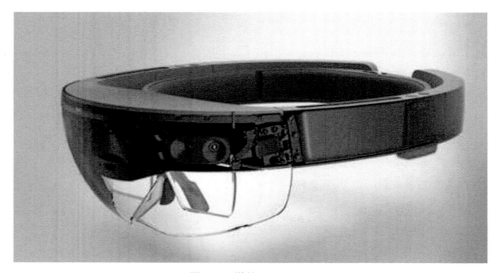

图 9-2　微软 HoloLens

　　HoloLens 设计了半透明全息显示玻璃，通过全息光栅技术形成全息图像。
HoloLens 在设计时以 2.5K 光点全息密度为标准，通过提供更多的光点和点光源
使全息图更加明亮并提高色彩饱和度。

　　HoloLens 内部安装了包括加速度计、陀螺仪和磁力计的惯性测量单元，可以
实现对用户头部动作的精确跟踪和捕捉。同时，HoloLens 安装了 1 个光线传感
器，1 个深度测量摄像头，4 个环境感知摄像头，1 个 230 万像素高清的摄像头和
1 个四麦克风阵列，这些传感器协助采集用户周围的环境信息及用户与环境的交互
行为。

　　除了 CPU 和 GPU，HoloLens 还集成了一个全新设计的 HPU（Holographic
Processing Unit，全息处理器）。该处理器主要用于对传感器捕捉的数据进行处理，
包括空间映射、手势捕捉和语音识别等。

　　HoloLens 还提供了 Clicker 控制器。该控制器通过蓝牙和 HoloLens 连接，方
便用户在不使用手势的时候进行菜单导航及选择操作。

在基本硬件配置方面，开发版 HoloLens 内置了 64GB 存储，2GB RAM，支持蓝牙和 Wi-Fi 通信，可以连续使用 2 ～ 3 h，待机时间最长可达两星期。比较遗憾的是，其 579 克的重量给用户长期佩戴的舒适性带来一定问题。

在应用方面，微软展示了一些有趣的应用案例，用户可以用 HoloLens 观看工作项目并与之互动，比如装配 3D 模型，可以玩游戏，可以用 HoloLens 和全息版 Skype 进行视频通话等。

微软还与其他公司合作，试图将 HoloLens 用在一些更实际的领域。沃尔沃表示可能会将 HoloLens 技术应用到汽车展示厅，用户通过 HoloLens 眼镜可以实现为汽车实时改变颜色及查看汽车的安全设施等功能。NASA 尝试用 HoloLens 控制火星探测器"好奇号"。

微软为 HoloLens 提供了开发者 SDK 及相关工具，大力推动相关应用的开发，相信在不远的未来，HoloLens 将给业界带来更多惊喜。

#### 9.3.1.2　Meta2

Meta 公司在 2016 年 3 月发布了新一代增强现实终端产品 Meta2，如图 9-3 所示。与 HoloLens 一样，Meta2 也是一款增强现实眼镜，为用户在真实视野里叠加虚拟影像。

图 9-3　Meta2

Meta2 的设计原理和 HoloLens 类似，也是通过多个传感器实现对环境信息和用户动作的采集。但不同于 HoloLens，Meta 并不是一台独立的增强现实终端，Meta2 需要以有线的形式连接一台运行 Windows8 或 Windows10 的 PC，未来还会加入对 MAC 的支持。

### 9.3.1.3　Project Tango

Project Tango 是谷歌公司的一个研究项目，其主要目标是通过计算机视觉让手机、平板电脑等移动终端，可以通过摄像头实时检测位置并对周围环境进行建模。基于这些特性，Project Tango 可以让开发者通过智能手机开发室内导航、三维建模、空间测量和环境感知等增强现实类的应用，如图 9-4 所示。

图 9-4　Project Tango 效果

Project Tango 主要包括以下三类功能。

（1）运动跟踪

通过计算机采集周边环境的视觉特征，同时结合加速度传感器和陀螺仪等传感器采集到的数据，精确跟踪终端在空间的运动。

（2）深度感知

对周围环境中物体的距离、大小和表面结构进行采集和记录。

（3）环境学习

对采集到的周围环境信息进行存储和共享，结合 PoI（Point of Interest）数据，共享给其他 Project Tango 终端并衍生相关协同应用。

Project Tango 引起了业界的高度重视，联想已在 2016 年 6 月的 Tech World 大会上发布了首款 Project Tango 手机 Phab2 Pro。

## 9.3.2　应用软件

借助智能终端丰富的传感器及强大的计算能力，增强现实领域的应用软件也成为市场热潮，其中最具代表性的就是 Layar。

Layar 是业界第一款增强现实浏览器，其基本功能是借助智能手机的摄像头，根据用户的位置和拍摄到的图像，在手机显示屏的视野范围内叠加虚拟物体或者辅助信息，如图 9-5 所示。

图 9-5　Layar 效果

传统零售公司也注意到了通过增强现实技术提高购物体验的前景。宜家通过增强现实技术，允许用户通过智能手机把虚拟家具叠加显示到真实房间中。用户通过专用 APP 扫描宜家产品画册的特定页面，就可以预览相关家具的摆放效果，如图 9-6 所示。

图 9-6 宜家增强现实产品目录

## 9.4 增强现实的发展趋势

投资银行 Digi-Capital 的发布报告显示，2020 年，全球增强现实与虚拟现实市场规模将达到 1500 亿美元，其中增强现实的市场规模为 1200 亿美元。分析师还认为增强现实应用会成为"更加日常化的移动设备应用的一部分"，增强现实在展览展示、市场营销、车载系统、游戏娱乐和医学医疗等领域均有很大的预期空间 [5]。

虽然增强现实技术在近年来取得了很大的发展，但是在技术、产品及产业化等方面还存在较多的困难。

（1）技术方面

首先，受制于材料和工艺，目前增强现实眼镜的镜片还比较厚重，在视场角和透光性等方面都存在不足。其次，遮挡处理技术仍然不够理想，当虚拟物体处于真实物体的前方且自身亮度较低时，虚拟物体无法完全挡住真实物体，会有所谓的"鬼影效果（Ghost Effect）"，用户感知不够自然。同时，目前增强现实眼镜的重量等便携性指标仍然不够理想，用户长期佩戴感受较差。

（2）产品及产业化方面

一个伟大产品的诞生需要引导用户的需求且具备对产业链产生革命性影响的能力。例如 iPhone 的出现不仅革了传统功能手机的命，而且直接构建了基于智能手机的移动互联网价值链。通过一款革命性的产品打破旧的规则，引导用户需求，建立新的产业链，是增强现实未来发展需要解决的首要问题。

近年来增强现实终端一直是产业关注的重点，但目前增强现实应用软件的发展明显滞后于硬件。业界应大力推动增强现实应用软件的发展，形成终端和应用软件互相驱动的良性循环，给用户营造端到端的优良体验。

此外，增强现实还存在着商业模式、用户隐私保护、使用安全等问题。大众对增强现实的使用仍然存在疑虑，谷歌眼镜在推出后，就遇到了部分场合被禁止使用的问题。

虽然增强现实仍有很多问题需要解决，但我们可以预见，增强现实为用户对世界的感知打开了一扇新的大门，通过所见即所得的方式为用户提供高附加值的信息服务，极大地提升了用户工作、生活和娱乐的便利性。有理由相信，在不远的未来，增强现实将为我们的生活体验带来翻天覆地的变化。

在增强现实的发展路径上，必须考虑虚拟现实的影响，学术界和工业界已经提出了混合现实（Mixed Reality）的演进方向。

混合现实是由"智能硬件之父"多伦多大学教授 Steve Mann 提出的，是指合并现实和虚拟世界以产生新的可视化环境。混合现实在呈现内容上比虚拟现实更丰富、更真实，在呈现视角上比增强现实更广阔。

从概念上说，混合现实与增强现实更为接近，都是一半现实一半虚拟影像，但目前增强现实技术运用棱镜光学原理折射现实影像，基于眼镜或者移动终端承载，视野较小且清晰度较差。

新型的混合现实技术将会选择更丰富的载体，包括墙壁、桌面、镜子、冰箱等日常家居和家电设备，可以将当前环境中难以体验到的物体和信息传递到用户身边，被用户的感官所感知。用户仿佛置身于一个魔法世界中，随时随地感受虚拟和现实的奇妙融合，达到超越现实的感官体验。

让我们共同期待这一天的早日到来。

# 参考文献

[1] 王涌天，刘越，胡晓明．户外增强现实系统关键技术及其应用的研究 [J]. 系统仿真学报，2003, 15(3):329-333

[2] 麻兴东．增强现实的系统结构与关键技术研究 [J]. 无线互联科技 ,2015(10)

[3] 钟慧娟，刘肖琳，吴晓莉．增强现实系统及其关键技术研究 [J]. 计算机仿真，2008(01)

[4] 周忠，周颐，肖江剑．虚拟现实增强技术综述 [J]. 中国科学 : 信息科学，2015(45)

[5] Digi-Capital. Augmented/Virtual Reality Report 2015

VR:
when fantasy meets reality

VR:
when fantasy meets reality

# 附录 A:
# 虚拟现实产品用户体验评价指标体系

VR:
when fantasy meets reality

VR:
when fantasy meets reality

VR:
when fantasy meets reality

VR:
when fantasy meets reality

好的产品离不开用户，如何做出符合用户使用习惯的产品，如何通过易用性、可用性使用户达到良好的使用感受是评测产品的一个关键性问题。另外，用户体验贯穿于使用的全过程，强调的是用户与产品之间的整体交互，以及交互中形成的想法、感受和感知，因此用户在使用过程中的各类感受都会作为评价一个产品好坏的重要依据。

# A.1 为什么要建立虚拟现实头盔产品用户体验评价指标体系

产品设计过程是一个复杂的、不完全确定的、创造性的设计推理过程。设计过程总是伴随着大量评价和决策，用户体验评价可以为产品设计过程中遇到的复杂问题提供决策参考。随着科学技术的发展和设计对象的复杂化，人们对用户体验评价提出了更高的要求，单凭经验和直觉的评价已经无法满足产品设计的要求，因此有必要采用系统的理论和方法使用户体验评价更客观、更科学。

我们知道，影响用户体验的因素涉及方方面面，在实际情况中，每一个因素对用户体验的影响程度不同。比如一个无源头戴式显示器设备，具有眩晕和易误触两个问题，那么在评价用户体验的时候，两者对评价的影响是不同的，眩晕对用户的影响会更大一些，那么在研究过程中，我们给不同的指标加上特定的权重，这样每一个指标与对应的权重就形成了一套体系，依据这套科学的体系在最终的产品用户体验评价报告中才会有一个客观又科学的结论。

虚拟现实产品是有别于传统硬件和软件的新型产品，在它主要的"沉浸感、交互性和构想性"三个特征中，"沉浸感和交互性"就是评价虚拟现实产品用户体验的重要维度，由此可见虚拟现实产品的特性决定了它既有传统常见的如易用、便捷等指标，同时又有其特殊的如沉浸感、眩晕感等新型指标。可以说，虚拟现实产品良好的用户体验是依靠硬件和软件两个维度保证的，因此在评价虚拟现实产品的用户体验时，不能生搬硬套传统的互联网产品评价方法和体系，需要研究一套专门针对虚拟现实产品的用户体验评价方法。

## A.2 如何建立虚拟现实头盔产品用户体验评价指标体系

为了探讨虚拟现实产品的用户体验，我们从用户体验通用模型和虚拟现实产品特性研究入手，首先构建虚拟现实头盔产品用户体验评价维度和指标，再细化探讨具体评价方法和标准，最后通过实例验证调整研究结果，以研究与实践相结合的方式对用户体验和虚拟现实之间的关系进行探讨。

### A.2.1 评价维度及指标研究

（1）评价维度研究

要构建虚拟现实产品的用户体验评价维度，先将其分为硬件和软件两个部分，分别总结其体验特性，再将硬件和软件的体验特性与用户体验通用评价模型进行融合，从特性和共性两方面对虚拟现实头盔产品的用户体验进行定义，最终输出虚拟现实头盔产品硬件及软件的评价维度。

（2）评价指标研究

在虚拟现实头盔产品软硬件用户体验评价维度的基础上，根据虚拟现实头盔产品硬件构成、软件功能与架构，探讨具体的用户体验评价指标，生成虚拟现实头盔产品硬件及软件评价指标体系，如图 A-1 所示。

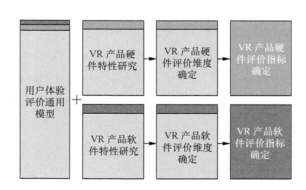

图 A-1 评价维度及指标研究思路

## A.2.2　评价方法与标准研究

将虚拟现实头盔产品硬件及软件用户体验评价指标体系分别按照主观和客观两个维度细分为：硬件产品主观评价指标、硬件产品客观评价指标、软件产品主观评价指标、软件产品客观评价指标。最终根据每个类型的指标特点选择适合的研究方法，制定虚拟现实头盔产品硬件及软件评价方法及标准。

## A.2.3　研究结果实例验证

使用指标体系和评价标准对虚拟现实头盔产品进行评测是验证研究结果的有效方式。针对市场上每个类别的虚拟现实头盔，选择有代表性的产品进行评测，并根据评测过程对指标体系和评价标准进行调整和迭代，如图 A-2 所示。

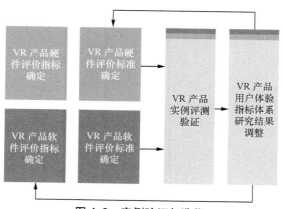

图 A-2　实例验证与迭代

# A.3　评价维度的基本构成

根据前述研究思路，从特性与共性两方面对虚拟现实头盔产品的用户体验进行定义。特性方面主要包括：沉浸感、眩晕感、舒适度、交互性。共性方面涉及：易用性、吸引力、容错性和耐用性，如图 A-3 所示。

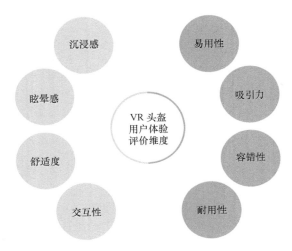

图 A-3　虚拟现实头盔用户体验评价维度

## A.3.1　特性维度

（1）沉浸感

沉浸感（Immersion）是指参与者在虚拟环境中，获得与现实环境中一致的视觉、听觉、触觉等多种感官体验，进而让参与者全身心地沉浸在三维虚拟环境中，产生身临其境的感觉。沉浸感是虚拟现实产品的三大特征之一，因此对于虚拟现实产品的用户体验有重要影响。

（2）交互性

交互性（Interaction）是指虚拟现实环境中的各种对象，可以通过输入与输出装置，影响参与者或被参与者影响。交互性也是虚拟现实产品的三大特征之一，同样对于虚拟现实产品的用户体验有重要影响。

（3）眩晕感

用户在使用虚拟现实产品过程中可能会产生眩晕感（Vertigo），从而影响用户体验。评价眩晕感程度需要了解产生眩晕感的原因，可能的原因有如下几个。

- 晕车原理。当用户看到的画面与身体的动作不匹配时，就会感到眩晕，这是因为大脑接受的信息出现混乱。

- 延迟，即虚拟现实硬件的延迟造成时间上的不同步。当人转动视角或移动的时候，画面呈现的速度跟不上，在虚拟现实全视角的屏幕中，这样的延迟是造成眩晕的重要原因之一，而画面延迟在很大程度上又取决于显示屏的刷新率。

- 个人体质。因个人的体质不同，所表现和接受的眩晕程度也有所不同，例如肠胃不适等。

- 使用时长。使用时间过长，容易造成视力疲劳，从而感到眩晕甚至头疼。

- 适应性。刚开始使用头盔，可能对画面不适应，从而导致暂时性的眩晕感。

- 视力问题。近视、远视、散光严重等均有可能致使眩晕感，或者因为视力问题而看不清画面，需要不断聚焦画面，也容易导致眼睛发胀、疲劳等不良反应，从而有眩晕感。

（4）舒适度

舒适度（Comfort）是一个较为主观的评价指标，但是在横向对比研究中可以发现影响虚拟现实产品舒适度的因素主要有头戴式显示器设备重量、与面部贴合程度和柔软度等，在评价过程中较为容易判断。

## A.3.2 共性维度

（1）易用性

确保产品易用是用户体验的第一要务，根据通用概念，产品易用性（Ease of Use）主要体现在易学习、高效、符合预期、可找到等方面。从虚拟现实头盔产品硬件角度来看，重点考察产品外观设计的提示性，各结构部件的操作是否方便等。软件方面主要包括软件的稳定性、界面及操作流程的一致性，图形设计的易识别性，是否给予必要的提示和操作反馈，流程是否能够符合用户的心理预期等。

（2）吸引力

在 Peter Morville 的蜂窝模型、Whitney Quesenbery 的 5E 原则、Steve Krug 对于可用性的定义中分别提到了满意度、吸引力（Engaging）、令人愉悦等维度。产品是否让使用者感到有趣也成了用户体验的重要指标。在虚拟现实头盔产品的软件方面，吸引主要体现在界面及场景美观度，操作的趣味性、动效的设计、场景的创新性等；内容方面主要涉及情节设定、人物设定、场景设计等。

（3）容错性

容错性（Error Tolerant）原则强调产品要防止用户犯错，但允许用户犯错，在用户犯错后给予必要的反馈和提示。举例来说，Kingston DataTraveler Micro 3.1闪存盘将便携环扣设计出斜面，通过造型语义清晰地指示"斜面向上插入 USB 接口"，防止用户犯错；注册流程中，当输入的密码不符合格式要求时，输入框下方会出现红色提示文字为用户提供必要的提示。对于虚拟现实头盔产品的硬件评价，容错性主要体现在穿戴设备、手机夹具方面；软件容错性主要体现在操作过程发生错误时是否明确告知用户产生错误的原因，系统是否提供一定的容错还原能力等方面。

（4）耐用性

耐用性（Durable）可以理解为产品的使用寿命，该维度主要体现在虚拟现实头盔产品的硬件方面。产品整体质量、头盔主要材质、结构部件材质、加工工艺、结构部件使用寿命、极限受力等都是耐用性考察的重点问题。

# A.4　指标体系内容

为了更科学地对虚拟现实产品进行用户体验评价，分别针对产品的软件、硬件部分制定了用户体验评价指标。

## A.4.1　软件产品指标体系

虚拟现实产品的软件部分共有：眩晕感、沉浸感、易用性、交互性、容错性和吸引力 6 个评价维度，其中眩晕感、沉浸感、易用性各占 18%，交互性与容错性各占 14%，吸引力占 8%，另有 10% 涵盖整体表现与亮点体验。

（1）眩晕感

眩晕感是导致用户无法持续体验虚拟现实设备的最大因素，也是评价产品软件部分时最重要的用户体验维度，见表 A-1。

表 A-1　软件产品指标——眩晕感

| 一级指标 | 二级指标 | 编号 | 三级指标 |
|---|---|---|---|
| 眩晕感 | 主观眩晕感受 | SVE001 | 使用15 min以上主观眩晕感 |
| | 生理指标 | SVE002 | 视觉疲劳（使用15 min以上） |
| | | SVE003 | 恶心（使用15 min以上） |
| | | SVE004 | 头疼（使用15 min以上） |
| | | SVE005 | 胃部不适（使用15 min以上） |
| | | SVE006 | 晕头转向（使用15 min以上） |
| | | SVE007 | 视觉模糊（使用15 min以上） |
| | 清晰度 | SVE008 | 软件界面画质 |
| | 延迟 | SVE009 | 头盔整体延迟情况 |
| | 畸变 | SVE010 | 头盔畸变情况 |

（2）沉浸感

沉浸感强调用户感知到的虚拟场景与内容的真实性，是虚拟现实区别于其他产品的重要体验特性，见表 A-2。

表 A-2　软件产品指标——沉浸感

| 一级指标 | 二级指标 | 编号 | 三级指标 |
|---|---|---|---|
| 沉浸感 | 真实感 | SIM001 | 软件场景真实感 |
| | | SIM002 | 软件立体效果 |
| | | SIM003 | 软件音效真实感 |
| | 气氛 | SIM004 | 软件场景气氛 |
| | | SIM005 | 音效气氛 |
| | 抗干扰性 | SIM006 | 软件对来电、短信、系统通知等提醒的抗干扰性 |

（3）交互性

交互性强调用户通过头动、遥控、体感等方式对设备的操控效果。交互性与沉浸感都是虚拟现实产品的重要体验特性，见表 A-3。

表 A-3　软件产品指标——交互性

| 一级指标 | 二级指标 | 编号 | 三级指标 |
|---|---|---|---|
| 交互性 | 便利性 | SIN001 | 用户可选择的操控方式数量，如头动、遥控、触控板 |
| | | SIN002 | 头盔佩戴状态下可以完成全部必要的操作 |
| | 易疲劳度 | SIN003 | 头盔设备长时间（连续操作 15 min 以上）操作疲劳程度 |
| | 准确性 | SIN004 | 头盔设备"确定"操作出现误操作的次数 |
| | 反应速度 | SIN005 | 用户从点击按钮（或其他同类型操作）到获得系统响应的时长 |

（4）易用性

易用性是衡量产品用户体验的基本评价维度，对 VR 产品的软件部分尤为重要，见表 A-4。

表 A-4　软件产品指标——易用性

| 一级指标 | 二级指标 | 编号 | 三级指标 |
|---|---|---|---|
| 易用性 | 易学习 | SEU001 | 整体操作流程能够符合用户预期 |
| | | SEU002 | 软件能够提供完整的引导界面、文字、弹框 |
| | | SEU003 | 软件对头盔操控方式给予必要的引导 |
| | | SEU004 | 头盔操控方式能够符合用户预期 |
| | 可找到 | SEU005 | 软件架构清晰易懂 |
| | | SEU006 | 手机模式与头盔模式切换方便 |
| | | SEU007 | 软件能够有效反馈运行状况等信息，如 Loading、下载进度等 |
| | | SEU008 | 软件能够有效反馈当前下载或播放状态 |

（续表）

| 一级指标 | 二级指标 | 编号 | 三级指标 |
|---|---|---|---|
| 易用性 | | SEU009 | 软件头盔模式下是否显示时间、电量等必要信息 |
| | 效率 | SEU010 | 软件同类功能操作基本一致，如搜索、下载、收藏等 |
| | | SEU011 | 内容分类准确易懂 |
| | | SEU012 | 操作层级简单便捷 |
| | | SEU013 | 搜索流程简单便捷 |
| | | SEU014 | 软件记录用户操作历史并提高操作效率，如记录观看进度、下载进度、输入历史等 |
| | | SEU015 | 续航时间（仅限连接手机类头盔），观看特定资源 15 min 耗电量 |

（5）容错性

容错性属于易用性范畴，但考虑到虚拟现实产品全新的交互方式和界面形式，我们将容错性作为评价产品用户体验的独立维度，见表 A-5。

表 A-5　软件产品指标——容错性

| 一级指标 | 二级指标 | 编号 | 三级指标 |
|---|---|---|---|
| 容错性 | 防错 | SET001 | 易发生错误但未提前给出必要提示的操作个数 |
| | | SET002 | 易造成重大后果但未提前给出必要提示的操作（如清空、重置、消费等）个数 |
| | 容错 | SET003 | 发生错误操作后软件及时给予反馈 |
| | | SET004 | 错误反馈能够提供正确的处理方法 |

（6）吸引力

强大的吸引力能够有效地让用户尝试并继续使用产品，虚拟现实产品作为全新的个人消费品，吸引用户尤为重要。该指标见表 A-6。

表 A-6　软件产品指标——吸引力

| 一级指标 | 二级指标 | 编号 | 三级指标 |
|---|---|---|---|
| 吸引力 | 美观度 | SEN001 | 平台界面、场景美观度 |
| | 趣味性 | SEN002 | 平台场景、动效、交互流程趣味性 |
| | 丰富性 | SEN003 | 平台内容丰富程度 |
| | | SEN004 | 平台内容质量 |

## A.4.2　硬件产品指标体系

（1）眩晕感

影响眩晕感的大部分因素都由产品软硬件共同构成，所以软件与硬件眩晕感评价指标仅在个别细节做出区分，见表 A-7。

表 A-7　硬件产品指标——眩晕感

| 一级指标 | 二级指标 | 编号 | 三级指标 |
|---|---|---|---|
| 眩晕感 | 主观眩晕感受 | HVE001 | 使用 15 min 以上主观眩晕感 |
| | 生理指标 | HVE002 | 视觉疲劳（使用 15 min 以上） |
| | | HVE003 | 恶心（使用 15 min 以上） |
| | | HVE004 | 头疼（使用 15 min 以上） |
| | | HVE005 | 胃部不适（使用 15 min 以上） |
| | | HVE006 | 晕头转向（使用 15 min 以上） |
| | | HVE007 | 视觉模糊（使用 15 min 以上） |
| | 清晰度 | HVE008 | 头盔屏幕 ppi |
| | 延迟 | HVE009 | 头盔屏幕刷新率 |
| | | HVE010 | 头盔整体延迟情况 |
| | 畸变 | HVE011 | 头盔整体畸变情况 |

（2）沉浸感

产品硬件部分的沉浸感，重点在于对环境的营造和成像质量，见表 A-8。

表 A-8　硬件产品指标——沉浸感

| 一级指标 | 二级指标 | 编号 | 三级指标 |
| --- | --- | --- | --- |
| 沉浸感 | 遮光性 | HIM001 | 头盔佩戴后封闭性良好，无漏光现象 |
| | 真实感 | HIM002 | 镜片成像效果良好，清晰度高 |
| | | HIM003 | 头盔屏幕分辨率 |
| | | HIM004 | 头盔音效真实感 |
| | | HIM005 | 是否允许用户外接耳机 |
| | 视场角 | HIM006 | 硬件头盔视场角大小 |
| | 适应性 | HIM007 | 瞳 / 物距可以调整理想观看状态 |

（3）舒适度

舒适度是硬件部分的独有评价维度，重点评价用户对硬件的佩戴感受，见表 A-9。

表 A-9　硬件产品指标——舒适度

| 一级指标 | 二级指标 | 编号 | 三级指标 |
| --- | --- | --- | --- |
| 舒适感 | 贴合度 | HCO001 | 面部贴合部分与脸部的贴合程度 |
| | | HCO002 | 面部贴合部分材质与皮肤的亲和度 |
| | 可穿戴性 | HCO003 | 头盔整体重量 |
| | | HCO004 | 头盔最大宽度（最左端到最右端距离） |
| | | HCO005 | 头盔最大厚度（最前端到最后端距离） |
| | | HCO006 | 穿戴 15 min 后的总体舒适度 |
| | 散热性 | HCO007 | 头盔硬件使用 15 min 后表面温度 |

（4）交互性

产品交互性由软件与硬件共同决定，无法进行区隔。交互性的硬件评价指标与软件保持一致。

（5）易用性

硬件部分的易用性主要体现在用户对可调节部件的操作，见表 A-10。

表 A-10　硬件产品指标——易用性

| 一级指标 | 二级指标 | 编号 | 三级指标 |
|---|---|---|---|
| 易用性 | 易学习 | HEU001 | 通过硬件部分的造型及图文能够理解其操作方式（如瞳/物距调节、手机夹具等） |
| | 效率 | HEU002 | 佩戴状态下调节瞳/物距轻松便捷 |
| | | HEU003 | 佩戴状态下调节头带或其他部件轻松便捷 |

（6）容错性

产品硬件的容错性，见表 A-11。

表 A-11　硬件产品指标——容错性

| 一级指标 | 二级指标 | 编号 | 三级指标 |
|---|---|---|---|
| 容错性 | 防错 | HET001 | 易造成错误操作的部件带有操作提示 |
| | 容错 | HET002 | 发生错误操作后头盔硬件及时给予反馈 |

（7）吸引力

产品硬件的吸引力主要体现在外观造型、材质、配色等方面，见表 A-12。

表 A-12　硬件产品指标——吸引力

| 一级指标 | 二级指标 | 编号 | 三级指标 |
|---|---|---|---|
| 吸引力 | 美观度 | HEN001 | 整体造型美观度 |
| | 趣味性 | HEN002 | 头盔操作方式趣味性 |

（8）耐用性

耐用性是产品硬件的第二个独有维度，硬件是否牢固耐用在一定程度上影响用户的使用感受，见表 A-13。

表 A-13　硬件产品指标——耐用性

| 一级指标 | 二级指标 | 编号 | 三级指标 |
|---|---|---|---|
| 耐用性 | 材质强度 | HDU001 | 头盔硬件材质 |
| | 可清洁性 | HDU002 | 面部贴合部位可清洁性 |
| | | HDU003 | 面部贴合部位是否可拆卸 |

## A.5　现有虚拟现实头盔产品的用户体验特性简述

初期选取了三星 Gear VR、Cardboard、暴风魔镜 3、Playglass、大朋、灵境小白、VRbox、小宅 8 款较为主流的 VR 产品进行比对研究，以便对现有产品的用户体验总体表现做出预判。

### A.5.1　沉浸感表现较为突出

沉浸感往往受到头盔产品硬件、软件甚至观看内容的影响，如头盔的遮光性、镜片效果、场景设计、视觉效果等。在选取的 8 款产品中，遮光性和镜片效果都处于较高的水平。从遮光性来看，有 7 款产品能够通过较好的包围设计给用户营造较为封闭的观看环境，但大部分头盔很难避免面部贴合部分局部漏光的现象。从软件场景和效果来看，8 款头盔产品水平略有不同，但都能营造良好的沉浸氛围。

### A.5.2　舒适度表现参差不齐

舒适度主要涉及头盔产品硬件部分，这取决于良好的设计和材质。在对比研究中发现，8 款头盔中只有 1 款在舒适度方面表现良好，6 款产品表现一般，1 款产品表现较差，造成不舒适的原因主要涉及重量和面部贴合部位的造型和材质选择。

### A.5.3　交互性有待加强

现有主流的 8 款虚拟现实头盔产品的交互方式主要包括：眼动 / 头动控制、触控板、遥控手柄等。从交互表现来看，触控板和遥控手柄具有易操控、灵敏等优点，但也存在不易学习，容易导致误触、易疲劳等不足；眼动操控可以解放双手，但存在响应时间过长、灵敏度不高、易疲劳等缺点。总体来说，虚拟现实头盔产品的交互性有待进一步加强。

### A.5.4　眩晕感普遍较强

眩晕感的成因涉及硬件、软件、内容，以及刷新率、延时、内容清晰度等诸多因素。所研究的 8 款主流产品均存在眩晕感较强的现象，平均佩戴超过 10 min 便会出现不同程度的眩晕且很难继续使用。眩晕感是所有虚拟现实产品存在的共性问题，其解决方式是业界讨论的重点话题，希望能在未来找到更好的缓解眩晕感的方法。

## A.6　视觉显示特性与视疲劳主客观综合评测方法

## A.6.1　人眼立体视觉感知机理

人的视觉系统是一个十分精密的生理系统，人的眼睛是视觉系统中至关重要的部分。因为人的双眼位置不同，观察到物体的角度会有细微的区别。双眼视线交叉于一点，即人眼的注视点，从注视点反射回来的光投射到视网膜对应位置，两眼得到的信号在大脑视觉中枢合成一个完整的像，并且将注视点周围的信息如物体的距离、深度、形状等因素结合起来形成立体的像，也就产生了立体视觉。现有立体显示技术大多运用了双眼视差的特性，只有正常视觉功能的双眼才能建立完整的立体视觉功能。

人眼观察物体时并不都是双眼观察才会产生立体感，因为人眼立体视觉的感知不仅仅是生理信号的传输，也存在心理因素的影响。人的立体感视觉中枢会通过一些其他信息的处理来感受立体视觉，这些信息就是深度线索。人眼得到的深度线索可以从两个方面进行分析：单目立体视觉线索以及双目立体视觉线索。深度线索的感知是人眼产生立体感的重要来源。

（1）单目立体视觉线索

单目立体视觉线索是指仅通过一只眼睛得到立体感的线索。从这些线索中能够获得立体感主要有两种原因，一种是用户通过大脑认知和生活经验能够从单目视觉中得到立体感，另一种是物体间或者物体本身的特性传递给人眼立体感的暗示。

根据大脑认知和生活经验得到立体感的单目立体视觉线索主要有以下 4 种。

线性透视。人们观察两条指向远方的平行线时，这些平行线延伸到远处会聚于一点，因此平行线上不同点的深度可以通过点的位置判断出来。线性透视仅能提供单一视点的观测线索，人眼需要改变当前位置以便获得更完整的信息。

物像大小。物体通过人眼晶状体调节在视网膜上成像，对于固定大小的物体，像的大小与物体的深度成反比，即所看到的物像越小，则物体深度越大。人们在生活中对大多数物体的大小都有认知，因此在通过单眼观察时，会根据物像大小判断物体的深度。

空气透视。空气透视是由于大气及空气介质（如雨、雾、云等）的折射散射使得远处的景物没有近处物体颜色饱满、形状清晰。因此即使是视力出色的人在观察远方景物时，也会发现物体有些模糊，人眼便可以由此判断物体大致距离。

单眼运动视差。单眼的运动视差是由于人眼与头部在移动中观察物体时所产生的视差，物体在视网膜上的像会随着人眼运动而改变，不同位置所观察到的不同图像在大脑中融合成一个三维空间图像。

由物体间或者物体本身特性所产生的单目立体视觉线索有以下三种。

光线和阴影。物体在有光线照射的时候会产生阴影，物体的光亮部分和阴影部分的合理分布也会使人产生深度感。在平面绘画中经常会通过增加阴影效果使人产生明显的立体感。

物体遮挡。物体间的遮挡能够使人眼轻易辨别出物体的深度差异，即被遮挡的物体的深度更大。

颜色区分。由于人眼的晶状体对不同颜色的折射率不同，因此不同颜色在视网膜上的成像位置不同。因为一种颜色的波长越长，折射率越大，给人眼的感知会越近，因此有学者研究发现，在可见光范围内，相同距离的物体中红色的物体看起来最近，而蓝色看起来最远。

（2）双目立体视觉线索

双目立体视觉线索是指通过双眼观察得到立体感的线索。双眼线索是人眼得到立体感最常采用的线索，主要有以下三种。

- 双眼视差

人眼注视物体一般都是同时用双眼观察，双眼分别得到的略有区别的图像经过大脑的融合，会使人产生立体感与深度感，这种双眼视网膜所成的像之间的微小偏差就是双眼视差。人的双眼只存在水平方向的位置区别，垂直方向上的观察角度是一样的，因此双眼观察到的使人能够形成立体感知的图像都是因为存在水平视差，人眼无法直接观察到垂直视差。

双眼的视角存在一定范围，大脑对于两个具有视差点的融合具有一定限制。视觉生理知识表明人类能够双眼单视需要具备以下基础：处于视界圆上的物体，对人眼的刺激恰好作用在视网膜的对应点上，则会产生单一视觉；当注视视界圆内外的物体时，物体的像并未落在双眼视网膜中的对应点上，但仍处于双眼融合的范围内，则两个具有视差的对应点落在了潘诺（Panum）融合区，潘诺融合区是人眼能够产生单一视像的区域，若物体落在潘诺融合区外，则会产生复视。

- 焦点调节与辐辏

焦点调节（简称为调节）是指人眼为了看清物体时自动改变屈光能力的现象。光线通过角膜和晶状体投影到视网膜上成像，观察不同距离的物体需要通过不同的调节适应。调节能力是通过改变晶状体的形状和睫状肌的收缩完成的，是双眼分别观察物体时人眼的生理机能所做的变化。

辐辏是指人眼注视物体时，双眼视轴向内聚合所做的辐合运动。当双眼的视轴会聚在物体上，使得光线恰好对准中央凹点，保证观察的物体图像落在视网膜最敏感的位置时，人眼就能看清物体。当人眼观察远方物体时，由于双眼视轴是平行的，不会产生焦点调节，同时人眼会在由近及远时取消辐辏而产生双眼复视。

调节与辐辏的协调联动使得人眼能够完成对不同深度物体的注视动作，并在双眼单视状态下判断物体的空间位置。双眼在观察实物时，人眼的调节与辐辏功能保持一致、协调运作，即双眼到双眼视轴会聚点的距离与注视物体时眼睛的调节距离相等，而当人眼观看虚拟现实头盔生成的立体图像时，调节与辐辏功能会发生冲突。观看立体图像时双眼会聚于立体图像上，即辐辏距离为双眼到立体图像的距离，而焦点调节的距离仍然是实际显示画面的距离，调节与辐辏距离不一致的冲突就导致了人眼在观看立体视频或图像时容易产生视疲劳。

- 双眼运动视差

运动视差是通过运动产生的视差感知，主要分为主动运动视差和从动运动视差。人们观察物体时通过自身移动观看到的视差为主动运动视差，人静止不动仅物体移动所观察到的视差为从动运动视差。在现实生活中观看到的视差一般是两种运动视差同时作用的结果，但是设计实验时为了更好地控制变量，一般选择从动运动视差。运动视差对于人们对物体深度的感知起到重要作用，生活中对于深度线索的经验累积会使人们在进行实验时产生主观经验的判断。

## A.6.2　立体视疲劳主观评测方法

视疲劳的主观评测方法主要通过问卷调查和量表的方式进行，这种方式能够得到仪器测量不出的生理感觉或者心理变化。

主观评测方法分为主观自评和主观他评。主观自评一般会对实验被试（接受实验的对象）在实验中可能发生的与视疲劳症状相关的特征进行评测，要求实验被试统一标准并按照真实状态完成主观量表或问卷。主观他评主要是实验主试（主持实验的人）根据实验被试的特点、在实验过程中的表现以及其他影响因素做出的评测，例如被试在实验中是否紧张、动作是否规范、是否受到其他干扰等。

一般在主观评测中，主观他评仅作为辅助手段，为了更好地得到实验被试的真实感受，实验中用到的主要都是主观自评。

## A.6.3　立体视疲劳客观评测方法

客观评测指的是通过仪器设备等辅助设施记录人体的生理特征、行为动作等各项指标的变化，并用来评测人体是否产生实验相关症状的方法。客观评测指标不会被人的主观意志、生活经验干扰，测量的都是人体相关的客观指标。迄今为止的研究发现，有多种客观指标均与人眼的视疲劳相关，相应的客观评测方法也有多种。

（1）眼部运动客观指标

视疲劳症状的产生与眼睛的运动是分不开的，针对人眼运动各项能够检测到的指标，其中与视疲劳相关的眼部运动指标主要有眨眼、关注点、眼跳和瞳孔变化等。

眨眼。眨眼指标中通常用到的指标是眨眼次数和眨眼时间。当人眼产生视疲劳症状时，眨眼指标都会受到影响，科学家对于视疲劳对眨眼的影响仍持有不同的观点，因此眨眼指标与视疲劳的关系仍在实验研究阶段。

关注点。当人眼在注视一个目标的持续时间达到一定阈值时，即表示人眼注视的点为关注点，关注点的阈值通常认为是 100 ms。能够检测的与关注点相关的指标为关注点数以及关注区域。关注点数是指人眼在单位时间内的关注点数量，关注点数量会受到观看内容、人眼生理状态以及实验环境的影响。关注区域是指将单位时间内的关注点同时绘制在人眼观看的画面中，关注点集中的区域即为关注区域，关注区域与观看内容有十分紧密的联系。

眼跳。眼跳是指人眼的关注点转移到下一个关注点时的眼部动作。对于在观看显示设备的视疲劳研究中，当两个相邻的关注点移动距离超过 80 像素时，便认为人眼发生了一次眼跳。目前能够检测的眼跳指标主要有眼跳次数、眼跳距离、眼跳速度、眼跳加速度。

瞳孔变化。瞳孔是光线进入人眼的门户，在观看不同距离、不同亮度的物体时，瞳孔大小都会发生变化。瞳孔的大小也会受到人的生理状态、年龄、环境光线的影响，当情绪紧张或者受到惊吓等刺激时瞳孔会放大，当深呼吸、睡眠或思考时瞳孔会缩小，一般老年人瞳孔较小，小孩和青年人瞳孔较大。

（2）眼部生理参数指标

人眼是一个灵活敏感的组织，视疲劳症状的产生会影响人眼的生理参数，通常检测的人眼生理参数指标为视锐度、闪光融合频率 (Critical Flicker Frequence, CFF)、调节力。

视锐度。人眼的视锐度是指人眼分辨物体的敏锐程度，视锐度表征了人眼辨认细节的能力。当人眼处于疲劳状态时，眼部肌肉处于紧绷状态，视锐度会受到影响。

CFF。人眼的时间分辨能力同样是有限的，当一个光源以低频率闪烁时，人眼能够明显感知到闪烁，光源不断提高闪烁频率。当到达一定频率时眼睛因为视觉暂留现象便感知不到光源的闪烁，这个临界频率便是人眼的 CFF。当产生视疲劳症状时，人眼的时间分辨能力会受到影响，导致 CFF 出现变化。

调节力。调节力是指眼睛既能够看清近处又能看清远处的能力，人眼的调节力是通过睫状肌、晶状体悬韧带、晶状体的协调工作来实现的。实验仪器通过不断改变显示图像的深度并检测人眼的调节状态，从而得到人眼的调节力，随着年纪的增大调节力逐渐减弱。

（3）其他生理参数指标

因为视疲劳不仅与人眼生理状态有关，同时也受到其他生理因素的影响，目前用来进行客观评测的指标中还有眼电信号、脑电信号、心电信号与脉搏以及肌电信号。

眼电信号。眼球是一个具有双极性的球体，角膜与视网膜之间存在电位差，当眼球运动时，电位差发生变化，引起周围电场变化。通过在眼睛两侧贴上生物电极，可以测出眼电信号随着眼球运动的变化曲线。

脑电信号。脑电是大脑中的神经细胞的电生理现象在大脑皮层或头皮表面产生的电信号，脑电信号是由大量的神经元细胞同步放电产生的。脑电信号根据频率不同可分为 5 类：Delta 波、Theta 波、Alpha 波、Beta 波、Gamma 波。脑电信号通过放置于头皮表面的电极获得，为了更精确全面地获得脑电信号，需要在头皮上放置多个电极。

心电与脉搏信号。人体的心脏在不断地进行有节奏的运动，同时使心肌产生电激励，电流通过身体机能运作传输到体表，并在体表不同部位产生电位差，通过在体表贴上生物电极来检测电信号。脉搏信号与心脏有节律的跳动有关，因此脉搏是一种节律信号。脉搏主要由脉率、脉律、脉搏压力以及脉搏强度 4 个方面描述。脉率即为每分钟脉搏次数。脉律表征脉搏节律性，与心脏跳动和呼吸相关。脉搏压力是指动脉血管的收缩压。脉搏强度是指血液冲击血管壁的强度。相较于心电信号，脉搏信号的测量更为方便易行，但是没有心电信号的精确度高。

肌电信号。人体肌肉在收缩时会产生肌电信号，肌电信号能够表现出肌肉的活动水平，并能从中了解到骨骼肌及其神经支配的状况。肌电信号同样采用电极记录肌肉动作电位，分析肌电信号可以了解人体肌肉是否有疲劳感，当人眼产生视疲劳症状时可以判断是否与人体肌肉疲劳相关。